Bernd Keidel

Deutsche Dieselloks

seit 1929

transpress

Einbandgestaltung: Luis dos Santos
Fotos: S. Matto (gr. Foto), M. Dahlbeck (2)
Rückseite: A. Dollinger

Bildnachweis:
Die Urheber der zur Illustration dieses Buches verwendeten Aufnahmen sind bei den einzelnen Abbildungen vermerkt.

ISBN 978-3-613-71660-5

1. Auflage 2022

Sie finden uns im Internet unter www.transpress.de

Lektor: Hartmut Lange
Innengestaltung: tebitron gmbh, 70839 Gerlingen
Druck: Druck und Bindung: Graspo CZ, 76302 Zlin

Printed in Czech Republic

Diesel- und Elektrolokomotiven prägen heute weltweit den Schienenverkehr und haben Dampfloks fast überall aus dem Betriebsdienst verdrängt. Dort, wo sich der technische Aufwand für den Einsatz von Elektrolokomotiven nicht rechnet, dominieren gar die Lokomotiven mit Dieselmotoren die Bahnwelt.
Allerdings ist der Diesel beim Pkw durch die Abgasproblematik und damit verbundene Betrugsversuche ins Gerede gekommen. Dagegen hat es die Nutzfahrzeugindustrie geschafft, bei Lkw und Bus die gesetzlichen Vorgaben auf legalem Weg einzuhalten. Und auch die verbliebenen Hersteller von Diesellokomotiven trieben und treiben einen erheblichen Aufwand, um die Abgas- und Geräuschemissionen ihrer Fahrzeuge zu verbessern. Seit weit mehr als 70 Jahren sind Lokomotiven mit Dieselaggregaten auf Deutschlands Gleisen nicht mehr wegzudenken. Zwischen 1950 und 1980 baute die deutsche Fahrzeugindustrie in Ost und West Tausende Dieseltriebfahrzeuge. Einige der Lokomotiven und Triebwagen sind noch heute im Einsatz – häufig modernisiert –, haben mittlerweile Hunderttausende Kilometer auf dem Buckel und ihre Zuverlässigkeit endgültig unter Beweis gestellt.
In den 80er- und 90er-Jahren des vergangenen Jahrhunderts stagnierte die Entwicklung, der Markt war gesättigt und die beschafften Fahrzeuge waren bei guter Pflege engagierter Werkstätten ausdauernder als manchem Lokhersteller lieb sein durfte.
Doch die Diesellok erlebte eine Renaissance. Wesentlich trug dazu in Deutschland auch die Bahnreform des Jahres 1994 bei. Viele neue Eisenbahn-Verkehrsunternehmen (EVU) hatten und haben einen großen Bedarf an Selbstzündern. Das aktuelle Bild auf unseren Schienenwegen zeigt viele bunte Lokomotiven, die im Bauzugdienst, vor langen Güterzügen und im Nahgüterverkehr im Einsatz stehen.
Dieses Buch gibt einen Überblick über die wichtigsten Diesellokomotiven, die auf deutschen Gleisen fahren oder fuhren. Im Gegensatz zu mancher älterer Darstellung wurden auch Lokomotiven aufgenommen, die überwiegend an so genannte Nichtbundeseigene (NE-) Bahnen geliefert wurden und werden. Angesichts

Foto: H. Sangmeister

218 458 und 448 der PRESS bringen am 23. März 2022 den 69292 über die KBS 550 von Saalfeld nach Frankleben. Bei der Durchfahrt Caaschwitz überholen sie 247 906, deren Zug hier mit Dolomit beladen wird.

der heutigen Bahnlandschaft scheint mir das geboten. Viele der ehemaligen NE-Bahnen, die früher nur lokal begrenzt fuhren, und die zahlreichen neuen EVU bieten seit der Bahnreform ihre Dienste oftmals bundesweit an.
Das vorliegende Buch ist eine überarbeitete Neuauflage der »Typenkunde deutscher Diesellokomotiven«, die erstmals im Jahr 2004 erschien, und des 2017 veröffentlichten Bandes »Deutsche Dieselloks seit 1929« aus der Reihe Typenkompass. Für beide Bücher zeichnete Stefan Alkofer als Autor verantwortlich, der aus beruflichen Gründen diese aktuelle Neuausgabe nicht mehr betreuen konnte. Diese anspruchsvolle Aufgabe übernahm statt seiner sein ehemaliger Kollege Bernd Keidel, der alle Angaben im Buch aktualisierte, ggf. korrigierte und neue Loktypen hinzufügte. Bei der genauen Durchsicht des Manuskriptes zeigte sich, dass der Markt für neue Diesellokomotiven in Deutschland und Europa weiterhin sehr lebendig ist, auch wenn neue Lokomotiven vermehrt mit alternativen Antriebsarten versehen werden. Nichtsdestoweniger sind weiterhin Dieselloktypen im Einsatz, die seit Jahrzehnten zum vertrauten Bild auf deutschen Gleisen gehören.
Weiterhin gilt, was bereits 2004 für diese Zusammenstellung galt: Dieses Buch erhebt nicht den Anspruch, vollständig zu sein, gerade bei den Industrieloks musste, angesichts der enormen Vielzahl an unterschiedlichen Fahrzeugen, eine subjektive Auswahl stattfinden. Auch alle Angaben über den aktuellen Bestand einer Type sind häufig nur Momentaufnahmen des Jahres 2022. Fortlaufende Ausmusterungen, Umbauten, Verkäufe und Neubeschaffungen führen zu einer permanenten Veränderung der Bestandslisten.
Dieses Buch richtet sich nicht in erster Linie an die Diesellok-Experten, denen die Beschreibungen der Fahrzeuge zu knapp gehalten sein dürften. Aber vielleicht kann es vielen Lesern eine schnelle Erinnerungshilfe sein, eine Art Bestimmungsbuch.
So ein Buch entsteht nur, wenn einem zahlreiche Helfer zur Verfügung stehen. Ein besonderer Dank gilt Ulrich Lieb und Jochen Frickel, den beiden Kemptener Lokführern Helfried Schiestl und Axel Kiebler, sowie den Fotografen Andreas Dollinger, Dirk Endisch, Dr. Karlheinz Haucke, David Hruza, Dieter Kempf, Helmut Sangmeister, Felix Seraphin und Roland Wirtz.

Autor und Verlag
August 2022

Foto: F. Seraphin

Anlässlich des Magdeburger Hafenbahnfestes im Jahr 2015 verkehrte auch ein Pendelzug auf der Hafenbahn. Am 13. September 2015 bespannten 228 321 und 229 147 der CLR sowie am Zugschluss eine ER20 der Firma Enercon den Sonderzug.

INHALT

1. DIE JÜNGSTE TRAKTIONSART

Die Geschichte der jüngsten der drei Schienen-Traktionsarten Dampf, Strom und Diesel ist die der so genannten Brennkraftfahrzeuge und reicht gerade einmal gut sieben Jahrzehnte zurück. Die Idee, Lokomotiven mit Verbrennungsmotoren anzutreiben, ist zwar noch ein wenig älter, aber die technischen Möglichkeiten ließen anfangs nur wenig erfolgreiche Versuchsfahrzeuge oder sehr spezielle Kleinlokomotiven zu. Gravierende Probleme, deren Lösung sich erst etwa Anfang der 1930er-Jahre abzeichnete, verhinderten den früheren Erfolg dieses Lokomotivantriebs.

Dabei war das Bestreben groß, Lokomotiven mit Verbrennungsmotoren zu betreiben, da man schnell die prinzipiellen Vorteile eines derartigen Antriebs erkannte.

Die bis Anfang der 70er-Jahre des vergangenen Jahrhunderts noch weit verbreiteten Dampflokomotiven hatten einige technikimmanente Nachteile – Eigenschaften, die stets Eisenbahningenieure bewegten, sich eine Alternative zu überlegen.

Dampfloks verfügen über reichlich tote Masse. Eine typische Streckenlokomotive führt einen Tender mit sich, der beinahe so viel wiegt wie eine mittlere Diesellok. Im Tender müssen große Mengen Kohle und Wasser transportiert werden. Und selbst ein 2'2' T34-Tender, der zehn Tonnen Kohle und 34 Kubikmeter Wasser fasst, macht es dennoch erforderlich, dass eine Dampflok der Baureihe 01 etwa alle 200 Kilometer zumindest Wasser fassen muss. Die tote Masse wird am anschaulichsten, wenn man die Leistungsgewichte verschiedener Fahrzeuge betrachtet. Das Gewicht einer Schnellzugdampflok der Baureihe 01 kann mit keinem modernen Schienenfahrzeug mit Diesel- oder Elektroantrieb konkurrieren. Die BR 01 hatte eine Leistung von beinahe 1800 kW bei einem Gesamtlokgewicht von etwa 170 Tonnen. Das bedeutet ein Leistungsgewicht von knapp über 10 kW pro Tonne. Eine vergleichbare E-Lok der damaligen Zeit wie die E 17 brachte es immerhin auf mindestens 20 kW pro Tonne und eine moderne wie die BR 101 kommt auf 75 kW pro Tonne Lokgewicht!

Bei der nüchternen Berechnung des thermischen Wirkungsgrades, das heißt die Ausnutzung der verbrauchten Primärenergiequelle, schneidet die Dampflok im Vergleich mit Diesel- und E-Lok ebenso nur sehr mäßig ab. Der größte Teil, der in der Kohle gespeicherten Energie wird in Form von Wärme ungenutzt an die Umwelt abgegeben.

Einen Vorteil haben Dampfloks jedoch gegenüber der elektrischen Traktion: Sie sind autark. Als James Watt seine erste Dampfmaschine baute, dachte er vermutlich nicht unmittelbar daran, dass seine neue Energiequelle in wenigen Jahrzehnten mobil würde. Zu groß, zu unhandlich waren die ersten leistungsfähigen Dampfmaschinen. Es dauerte noch einige Jahrzehnte bis die ersten Lokomobile Gehversuche unternahmen. Aber als die Dampflok zur Verfügung stand, hielt sie sich auch deshalb ungefähr 150 Jahre im aktiven Dienst, weil sie mit vergleichsweise einfachen Betriebsstoffen wie Wasser und Kohle und zur Not auch Holz beinahe überall zu betreiben war (und ist).

Abgesehen von Akku-Fahrzeugen, setzt der Einsatz von E-Loks enorme Anstrengung beim Aufbau der benötigten Infrastruktur voraus. Eine aufwändige Fahrleitung, die in Deutschland von eigenen Stromkraftwerken gespeist wird, macht den Einsatz von Elektrofahrzeugen nur dort sinnvoll, wo Strom kostengünstig produziert werden kann, wo die Transportwege des Stroms nicht unwirtschaftlich weit sind und wo eine entsprechende Verkehrsdichte vorzufinden ist, die einen rationalen Einsatz erlaubt.

Mit der Erfindung des Verbrennungsmotors gegen Ende des 19. Jahrhunderts eröffneten sich neue Perspektiven. Die ersten Otto- und Dieselmotoren waren zwar leistungsschwach, aber im Vergleich zur Dampfmaschine kompakt. Schnell erkannten die Erfinder, Tüftler und Ingenieure, dass sie nicht nur zum stationären Antrieb einer weiteren Maschine geeignet waren, sondern sich quasi selbst antreiben könnten und dabei ebenso unabhängig wie eine Dampflok einzusetzen wären.

Unwirtschaftlich wurde der Dampflokeinsatz auch wegen der ungenügenden Verfügbarkeit. Vorbereitungs- und Wartungsarbeiten vor und nach einer Fahrt und die dafür erforderliche Zeit waren enorme Kostenfaktoren. Der Aufwand, um die Einsatzbereitschaft einer Dampflokomotive zwischen zwei Einsätzen aufrecht

zu erhalten, etwa während eines Nachtaufenthalts im Betriebswerk (Bw), forderte die Bereitstellung von viel Personal und Energie.
E- und Dieselloks hingegen sind nach vergleichsweise kurzen Vorbereitungsarbeiten nahezu unmittelbar einsatzfähig. In den vergangenen 50 Jahren wurden vor allem Personalkosten für Unternehmen immer mehr zum entscheidenden Faktor wirtschaftlicher Erwägungen, denn bei diesem Kostenpunkt lassen sich die einfachsten und schnellsten Einsparungen erzielen. Wegen der Notwendigkeit des Zwei-Mann-Betriebs schied die Dampflok unter diesem Gesichtspunkt schlecht ab. Die Entwicklung der Dampflok war in Europa deshalb spätestens Ende der 50er-Jahre des vergangenen Jahrhunderts abgeschlossen.
Das lag aber vor allem auch daran, dass in dieser Phase des Lokomotivbaus der Industrie der endgültige Durchbruch bei der serienmäßigen Dieselloktechnik wie zuvor bei den E-Loks gelungen war. Somit konnte der Verdrängungsprozess der Dampfloks auf den Nebenstrecken und überall dort, wo sich eine Elektrifizierung nicht lohnte, ungehindert beginnen. Bis dahin war es jedoch ein weiter Weg.

2. TECHNIK, GESCHICHTE UND ENTWICKLUNG

2.1 DER MOTOR

Verbrennungsmotoren sind Wärmekraftmaschinen. Sie wandeln thermische Energie in mechanische Arbeit um. Kennzeichnend ist meist ein zyklischer Ablauf, bei dem das System definierte Zustände in einem Kreisprozess immer wieder durchläuft. Die Wärmeenergie entsteht durch die Verbrennung beziehungsweise Explosion eines Primärenergieträgers, eines Kraftstoffs. Die gebräuchlichsten Kraftstoffe sind bei Raumtemperatur flüssige aliphatische (kettenförmige) Kohlenwasserstoffe, die wiederum zum allergrößten

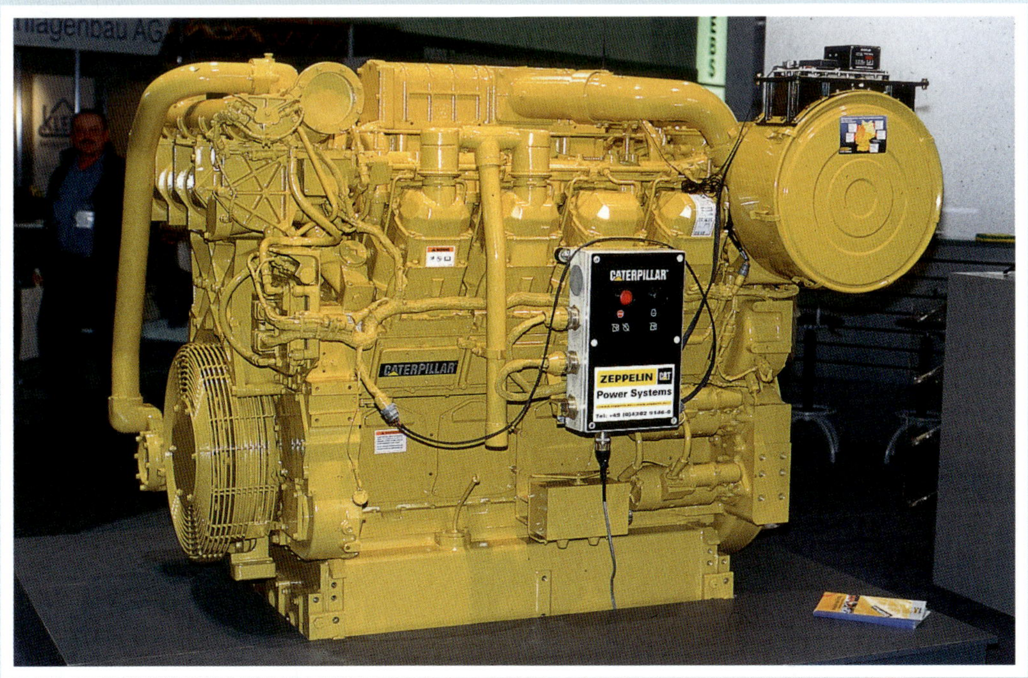

Foto: S. Alkofer

Ein Dieselmotor aus dem Hause Caterpillar

Teil aus natürlichen Erdölvorkommen durch Destillation und Raffination gewonnen werden.
Am Anfang stand die Erfindung des Gasmotors durch Jean Joseph Étienne Lenoir im Jahr 1860. Nikolaus Otto konstruierte, angeregt durch Lenoirs Idee, sieben Jahre später seinen Viertaktmotor, den Gottlieb Daimler und Carl Benz einige Jahre später noch verbesserten. Die wichtigste Erfindung Ottos war der Vergaser, der den Kraftstoff fein zerstäubt. Damit wurde der Verbrennungsmotor lokal unabhängig, da man nun flüssige Kraftstoffe, die in einem Tank mitgeführt wurden, verwenden konnte. Zur Zeit Nikolaus Ottos war es nicht möglich, Gas in nennenswerter Menge zu transportieren.
All diese frühen Motoren verwendeten das Grundprinzip einer von außen ausgelösten Zündung, bei der ein Gas- oder Benzin-Luftgemisch durch eine Zündkerze zur Explosion gebracht wird. Das dabei stark erwärmte Gas, im Wesentlichen Kohlendioxid, expandiert und treibt den Kolben an, der Arbeit verrichten kann.
Rudolf Diesels Wärmekraftmaschine verfolgte eine andere Idee: Ein Gas, das komprimiert wird, erwärmt sich, ein Phänomen, das beim Aufpumpen eines Reifens auch aus dem Alltag bekannt ist. Diese Tatsache machte sich der 1858 geborene Diesel zu Nutze. Im Dieselmotor wird die Luft zunächst vom Kolben sehr stark verdichtet. In die nun sehr heiße Luft (bis 700° Celsius bei 30 bis 55 bar) wird der Dieselkraftstoff eingespritzt, der bei diesen Temperaturen selbst zündet. Die Explosion lässt das Gasgemisch wiederum expandieren und das treibt den Kolben in die Gegenrichtung an, Arbeit wird verrichtet.
Verglichen mit Ottomotoren gleicher Leistung sind Dieselmotoren größer und schwerer. Der große Vorteil der Dieselaggregate liegt in einem höheren thermischen Wirkungsgrad, somit einem geringeren relativen Verbrauch und dem kostengünstigeren Kraftstoff. Ein zeitgemäßer Ottomotor hat einen Wirkungsgrad von ungefähr 32 Prozent, ein moderner Dieselmotor bringt es auf bis zu 44 Prozent.
Diesels Erfindung kann wie ein Ottomotor verschiedenste Bauformen haben. Es gibt sie als Reihenmotor, in V-Ausführung und auch als Boxermotor genau so wie es Zwei- und Viertakt-Maschinen gibt. Ein weiteres Unterscheidungsmerkmal ist die Nenndrehzahl, man unterscheidet langsam- mittelschnell- und schnelllaufende Motoren.
Beim stationären Anlagenbau war der Diesel unter den Verbrennungsmaschinen früh erste Wahl. Dort, wo Platz zur Verfügung stand und Gewicht nicht die wichtigste Rolle spielte, konnte der Selbstzünder bald seine Stärken beweisen: Zuverlässigkeit, hohes Drehmoment, sparsamer Verbrauch. Am Wirkungsvollsten zeigt sich Diesels Erfindung, wenn der Motor gleichmäßig und ausdauernd belastet wird. Er eignet sich hervorragend zur stationären Stromerzeugung oder für den Einsatz im Schiffbau und eben auch in Lokomotiven.
Die besonderen Anforderungen an Bahndieselmotoren liegen in der geforderten Zuverlässigkeit und der Robustheit. So kam es immer wieder vor, dass manche Motoren aus der Lkw-Produktion, die in Lokomotiven eingebaut wurden, den rhythmischen Schlägen von der Schiene nicht standhielten.

2.2 ERSTE SCHRITTE

Hauptproblem für den Einsatz von Brennkraftmotoren im Lokomotivbau war anfangs die Kraftübertragung auf den Radsatz, speziell das Anfahren unter Last, und die Fahrtrichtungsänderung bei gleich bleibender Drehrichtung des Motors. Im Gegensatz zum Elektromotor, der durch Umpolung seine Drehrichtung ändert, ist dieser Vorgang bei einem Verbrennungsmotor nicht ganz so einfach. Verbrennungsmotoren kennzeichnet außerdem, dass sie nur in einem definierten Arbeitsbereich zwischen Leerlauf- und Maximaldrehzahl in der Lage sind, ein Drehmoment anzugeben, das zudem über einen großen Drehzahlbereich nahezu konstant ist.
Die ersten Versuche, Verbrennungsmotoren im Schienenverkehr einzusetzen, gehen auf das Jahr 1880 zurück. Die Hannoversche Maschinenbau AG, besser bekannt als HANOMAG, baute ein draisinenähnliches Fahrzeug, das von einem Zweitakt-Benzinmotor mit einer Leistung von lediglich 1,5 kW angetrieben wurde. Die Kraftübertragung erfolgte mittels langer Riemen und einem mechanischen Zwei-Gang-

Foto: A. Kiebler

Eine gefällige Sonderlackierung trug über viele Jahre 218 217.

Getriebe. Auch der Automobilkonstrukteur Daimler baute gemeinsam mit der Maschinenfabrik Esslingen im Jahr 1891 eine 3-kW-Schmalspurlokomotive mit Zahnradgetriebe.
Schnell erkannte man den Vorteil von Brennkrafttriebfahrzeugen beim Einsatz an Orten, wo Dampfloks aufgrund des Funkenflugs ein Sicherheitsrisiko darstellen. Die Gasmotorenfabrik Deutz, die Nikolaus Otto 1864 in Köln-Deutz gegründet hatte, baute für die chemische Fabrik Radebeul 1892 eine 5,9-kW-Lok mit Petroleummotor. Der ganz große Wurf sollte in den nächsten Jahren jedoch noch nicht gelingen. 1893 unternahm Deutz einen ersten Versuch mit einem pneumatischen Antrieb. Der verwendete Petroleummotor trieb einen Kompressor an, der wiederum einen Druckluftmotor versorgte. Ein Konzept, das viele Jahre später nochmals in einer Großdiesellok angewandt werden sollte. Die Firma Deutz war es auch, die eine später sehr erfolgreiche Antriebsmetho-DE 1895 erstmals ausprobierte: In Köln wurde eine Lok entwickelt, deren 9-kW-Petroleummotor einen Generator zur Stromerzeugung antrieb. Die erste Lok mit einem dieselelektrischem Antrieb war geschaffen. Aber auch sie war kein wirklicher Erfolg. Dennoch begann bei Deutz 1896 offiziell der Serienbau von Loks mit Verbrennungsmotoren.
Neben den Schwierigkeiten der Kraftübertragung und des Anfahrens unter Last waren damals vor allem die Motoren nicht leistungsfähig genug und auch ihre Zuverlässigkeit ließ zu wünschen übrig. So blieb es die ersten Jahrzehnte weitestgehend beim Bau von Klein- und Grubenbahnlokomotiven. Diese arbeiteten anfangs überwiegend mit Benzin-, Gas- oder Petroleummotoren und so kam es im Jahr 1906 zur Gründung der Gesellschaft für Thermolokomotiven Diesel-Klose-Sulzer GmbH, die den Einsatz des Dieselmotors im Lokomotivbau endlich forçieren sollte.
Drei Jahre später erhielt sie den Auftrag zum Bau einer Strecken-Großdiesellok, die 1912 die Werkshallen der Firma Sulzer im schweizerischen Winterthur verließ. Die 2'B2'-Lok, die so genannte Klose-Lok, war genau so einzigartig wie am Ende erfolglos. Ihr Antriebskonzept sah einen Direktantrieb durch einen 900-kW-Dieselmotor von Sulzer vor. Der Vierzylinder-Zweitakt-Diesel war quer zur Fahrtrichtung eingebaut und brachte direkt über Kurbelstangen ohne Getriebe die beiden Treibradsätze auf Touren. Der langsam laufen-

de Sulzer-Diesel, der ursprünglich für den Einbau in Schiffen entworfen wurde, arbeitete in einem Drehzahlspektrum zwischen 30 und 300 Umdrehungen pro Minute (Umin^{-1}). Das entsprach einem Geschwindigkeitsäquivalent von 10 bis etwa 100 km/h. Blieb das Problem des Anfahrens unter Last, dafür war der Motor ungeeignet. Die Konstrukteure entschieden sich für eine technisch aufwändige Lösung und betrieben die Lok zum Anfahren mit Druckluft, bevor der Motor bei 10 km/h mit 30 Umin^{-1} die Arbeit übernahm. Ein Kompressor, der von einem Hilfsdieselmotor bewegt wurde, erzeugte die erforderliche verdichtete Luft, die den Großdieselmotor bei geringen Geschwindigkeiten zum Luftmotor machte. Ab 10 km/h wurde dann Kraftstoff in die Zylinder eingespritzt. Zur Fahrtrichtungsänderung konnte die Drehrichtung des Motors umgekehrt werden.

Mangelnde Zuverlässigkeit und der Beginn des Ersten Weltkriegs beendeten das Projekt Klose-Lok. Der verheerende Krieg unterbrach in Europa überhaupt die Entwicklung weiterer Diesellokomotiven, nicht jedoch die Motorenentwicklung und so standen in den 20er-Jahren auch der Lokomotivindustrie leistungsfähigere und zuverlässigere Dieselmotoren zur Verfügung.

Noch immer nicht endgültig gelöst war jedoch das Problem der Kraftübertragung. So entstand ab dieser Zeit wieder eine Vielzahl von Prototypen mit unterschiedlichen Leistungsübertragungsformen. Neu waren vor allen Dingen Versuche mit hydrostatischen Antrieben. Der Dieselmotor wirkt auf eine Kolbenölpumpe, die Hydrauliköl mit hohem Druck (bis zu 400 bar) in einen Verdrängerölmotor drückt, dessen Leistung nun zur Traktion verwendet werden kann. Dieser hydrostatische Antrieb konnte sich jedoch auch nicht zur Fortbewegung von Lokomotiven durchsetzen. Allerdings gibt es bis heute noch ganz spezielle Einsatzgebiete, da er gewisse Vorteile bei geringen Geschwindigkeiten bietet, die sehr konstant eingehalten werden können. Eine Eigenschaft, die etwa in Bahndienstfahrzeugen vorteilhaft sein kann und aktuell etwa in der Baureihe 703.1 der DB AG genutzt wird.

Ein wichtiges Ereignis im deutschen Diesellokomotivbau gab es 1924. Die damalige Sowjetunion wollte in ihren dünn besiedelten und wasserarmen südlichen Gebieten Diesellokomotiven einsetzen. Dort sollte einer der größten Vorteile der Diesellok, die große Unabhängigkeit, ausgenützt werden. Für die Sowjetunion wurden zwei verschiedene Loks entwickelt: Eine 1'Eo1'-Maschine mit dieselelektrischem Antrieb und eine 2'E1'-Lok mit mechanischer Leistungsübertragung.

Aus dieser Zusammenarbeit mit den Sowjets entstand eine dritte Lokomotive für die DRG, die mit einer pneumatischen Leistungsübertragung ausgestattet war: V 32 01, die spätere V 120 001, die erste deutsche Großdiesellok für den Streckendienst. Sie war aber eigentlich noch ein Zwitter aus Dampfloktechnik und moderner Dieseltechnologie.

2.3 HYDRODYNAMISCHER ODER DIESELELEKTRISCHER ANTRIEB

Ende der 20er-Jahre kristallisierte sich heraus, dass Diesellokomotiven im Streckendienst nur erfolgreich sein würden, wenn es gelänge, das Problem der Leistungsübertragung zu lösen.

Die mechanische Kraftübertragung mit herkömmlichen Zahnradgetrieben sollte nur im Bereich von Triebwagen oder Kleinlokomotiven dauerhaft überleben können. Ein Nachteil eines gewöhnlichen mechanischen Getriebes ist die Zugkraftunterbrechung beim Schaltvorgang. Vor allem bei Streckenlokomotiven mit schweren Zügen am Haken birgt ein derartiger ruckartiger Verlauf der Zugkraftkurve Gefahren. In Steigungen darf es nicht zu einem Zugkraftabfall, bedingt durch einen Schaltvorgang, kommen. Der Triebfahrzeugführer muss zudem bei einem Schaltgetriebe ein gutes Einfühlungsvermögen für sein Fahrzeug haben. Ein Verschalten könnte jederzeit eine ernsthafte Beschädigung des Fahrzeugs bewirken, bestenfalls wird der Motor nur abgewürgt. Außerdem steht bei einem mechanischen Getriebe die Nenndrehzahl immer erst am Ende eines Ganges zur Verfügung. Und nicht zuletzt ist Verschleiß ein bedeutender Nachteil mechanischer Schaltgetriebe.

2.3.1 DIESELELEKTRISCHER (DE) ANTRIEB

Als Lösung bot sich die DE-Leistungsübertragung an. Dabei wird der Dieselmotor an einen Generator zur Stromerzeugung angeflanscht. Der Strom wiederum versorgt elektrische Fahrmotoren, die über Zahnräder die angetriebenen Radsätze bewegen. Das Konzept ist vergleichsweise einfach, die erforderliche Elektrotechnik war Ende der 1920er-Jahre bereits relativ ausgereift und wurde seit einigen Jahren erfolgreich bei E-Loks eingesetzt. Man musste nur die Fahrleitung gegen einen Dieselmotor mit Generator eintauschen.

Dieses Antriebskonzept besitzt zwei Hauptvorteile: Der Dieselmotor kann in seinem optimalen Arbeitsbereich arbeiten und es besteht die Option der gut dosierbaren Leistungssteuerung der elektrischen Fahrmotoren. Nachteilig ist jedoch die mehrmalige Energietransformation. Der Kraftstoff wird verbrannt und in mechanische Energie umgewandelt. Diese treibt den Generator an, der Strom produziert. Die elektrische Energie wird schließlich wieder in mechanische Energie am Radsatz umgeformt. Alle Transformationsprozesse sind mit Energieverlusten, in der Regel Wärmeverluste, verbunden. Außerdem erhöhen die zusätzlich erforderlichen Bauteile wie Generator, Transformator und Fahrmotoren das Lokgewicht, haben einen gewissen Platzbedarf und steigern den Wartungsaufwand sowie die Anschaffungskosten. Dennoch hat sich weltweit diese Form der Leistungsübertragung bei Streckenlokomotiven durchgesetzt.

Bereits 1914 erhielt der Amerikaner Herman Lamp ein Patent für ein Steuerungssystem, das den Regler des Dieselmotors mit dem Generator und den Fahrmotoren automatisch koppelte. Im Jahr 1923 baute die American Locomotive Company (ALCo) die erste Lok mit Lamps Patent. Die elektrischen Bauteile lieferte der General-Electric-(GE)-Konzern. In den USA begann ein technischer Siegeszug, der bis heute nicht entscheidend aufgehalten wurde. Gerade dort konnte die Diesellok alle ihre immanenten Vorteile ausspielen. Die großen zu überwindenden Distanzen verhinderten eine wirtschaftliche Elektrifizierung des Landes. Viele dünn besiedelte Landstriche forderten nach einer möglichst unabhängigen Traktionsart.

Bekannte Vertreter der DE-Erfolgsgeschichte sind die Streamliner der E- oder F-Serie von General Motors (EMD) aus den Jahren 1937 beziehungsweise 1939 oder die Vielzahl der GP-(General Purpose)-Loks, die ab dem Jahr 1949 in Serie gingen und tausendfach gebaut wurden. Den Nachteil der geringeren Leistung gegenüber E-Loks und manchem Dampflokgiganten fingen die US-Bahngesellschaften durch Vielfachtraktion auf.

Bis heute ist der weitaus größte Teil der nordamerikanischen Triebfahrzeuge dieselbetrieben und das beinahe ausschließlich mit DE-Leistungsübertragung. Lediglich die Technik hat sich inzwischen deutlich weiter entwickelt. Bis vor wenigen Jahren bestand das Standardensemble aus dem Dieselmotor, einem Gleichstromgenerator und Gleichstromreihenschlussmotor. Modernste Lokomotiven verfügen heutzutage über einen Drehstromgenerator und moderne Halbleiterelektronik versorgt Asynchronfahrmotoren mit einer veränderlichen Wechselspannung und variabler Frequenz. Diese Technologie hat sich im E-Lok-Bau bereits durchgesetzt und belebte in den vergangenen 30 Jahren auch in Deutschland die Entwicklung neuer Dieselloks.

2.3.2 DIESELHYDRAULISCHER (DH) ANTRIEB

Vor allem ein Heidenheimer Hersteller für Turbinen und Papiermaschinen verhinderte den vollständigen Siegeszug der DE-Technik. Die Firma Voith verfügte durch den Bau von Wasserturbinen über reichlich Know-how auf dem Gebiet der Strömungsmechanik, denn schon 1870 hatte die erste Wasserturbine die Werkshallen am Fuß der Schwäbischen Alb verlassen. Die für den Schienenfahrzeugbau entscheidende Idee stammte jedoch aus dem Jahr 1905 von Hermann Föttinger (1877-1945). Der gelernte Elektroingenieur arbeitete damals bei der Werft Stettiner Vulcan und hatte den Auftrag, ein neues Schiffsgetriebe zu entwickeln. Das Ergebnis seiner Arbeit war der so genannte Föttinger-Transformator, ein hydrodynamischer Drehmomentwandler. Föttinger fügte eine Kreiselpumpe und eine Radialturbine sowie ein Leitrad auf kleinstem Raum in einem abgeschlossenen torusförmigen Körper zusammen. Der Motor trieb die Pumpe an und eine Flüssigkeit im Föttinger-Tansformator übertrug die Leistung von der Pumpe auf die Turbine.

Der Ingenieur Fritz Kugel entwickelte Föttingers Patent bei Voith weiter und verhalf dem Strömungsgetriebe im Lokomotivbau zum Durchbruch.

Beim Einsatz in einem Schienenfahrzeug wird der Dieselmotor an das Pumpenrad des hydrodynamischen Getriebes angeflanscht. Läuft der Motor an, lässt das Pumpenrad die Getriebeflüssigkeit zirkulieren, die wiederum ihre kinetische Energie an das Turbinenrad abgibt, das daraufhin anläuft. Der Turbinenabtrieb ist dann über ein Radsatz- und ein Wendegetriebe mit den Rädern verbunden. In diesem Fall liegt jedoch nur eine Strömungskupplung vor. Das Turbinenmoment kann maximal den Wert des Pumpenmoments erreichen. Damit eine Diesellok mit einem Zug anfahren kann, ist jedoch eine Drehmomentwandlung erforderlich, das heißt das Turbinenmoment muss größer als das Pumpenmoment sein. Dazu muss in den Kreislauf noch ein drittes Bauteil zur Momentwandlung eingebaut werden, das so genannte Leitrad oder Reaktionsglied. Das Leitrad ist unbeweglich und lenkt den Flüssigkeitsstrom um. Dadurch wird die Drehmomentänderung zwischen Pumpen- und Turbinenmoment erreicht. Neben den beiden Hauptbauteilen Wandler und Kupplung gibt es noch ein weiteres wichtiges Bauelement, die Strömungsbremse, den so genannten Retarder. Der Retarder stellt eine Strömungskupplung mit blockierter Pumpe dar. Beim Bremsen wird die von der Turbine abgegebene Leistung, beziehungsweise das Moment im feststehenden Pumpenrad aufgenommen und in Wärme umgewandelt. Die Strömungsbremse ist eine hocheffektive Bremse, die nahezu verschleißfrei arbeitet, jedoch nur beim Fahren wirksam ist.

Ein hydrodynamisches Getriebe ist ein komplexes Gebilde und besteht in der Regel aus mehreren Bauteilen wie Kupplung und Wandler und eventuell Retarder. Typische Strömungsgetriebe, wie etwa die Turbogetriebe aus dem Hause Voith setzen sich, je nach Einsatzprofil der Lokomotive, meist aus zwei bis vier dieser Einzelkreisläufe zusammen. Ein charakteristisches Turbogetriebe ist in der Regel eine Kombination aus einem Anfahr-, einem Marschwandler und einer Turbokupplung. Moderne Getriebe verfügen häufig nur über einen Zweiwandlerkreislauf. Die Steuerung der einzelnen Kreisläufe erfolgt automatisch und geschieht durch Befüllen und Entleeren des jeweils benötigten Wandlers oder der Kupplung. Vor allem für den Einsatz in Rangierloks werden heutzutage so genannte Turbowendegetriebe gebaut, die für jede Fahrtrichtung über eigene hydrodynamische Kreisläufe verfügen. Sie ermöglichen dem Lokführer, die Fahrtrichtungsänderung ohne vorheriges Anhalten vornehmen zu können. Das spart Zeit und die eingebauten Wandler dienen bei einer Richtungsänderung zugleich als hydrodynamische Bremse.

Die großen Vorteile des DH-Antriebs sind die fast vollständige Verschleißfreiheit und die damit verbundene Wartungsarmut, das geringere Gewicht und die geringeren Einbaumaße im Vergleich zu einem DE-Antrieb. Allerdings beschränkte sich das Leistungsspektrum bisher auf eine eingebaute Motorleistung von etwa 2000 kW. Erst in jüngerer Zeit scheint die Entwicklung wieder weiter zu gehen und Getriebe für noch größere Motorleistungen machbar. Bisher wird bei Lokomotiven mit einer Motorleistung von über 2500 kW praktisch ausschließlich der DE-Antrieb eingebaut.

2.4 DIE ENTWICKLUNG BEI DER DEUTSCHEN REICHSBAHN GESELLSCHAFT AB 1930

Das erste Fahrzeug mit einem hydrodynamischen Antrieb war ein österreichischer Triebwagen mit einem 60-kW-Otto-Motor von Austro Daimler. Zum Einbau kam das Voith-Turbogetriebe T2, das sich aus einem Wandler- und einem Kupplungskreislauf zusammensetzte. Die neuen hydrodynamischen Getriebe weckten die Neugier der Fahrzeughersteller und fanden allmählich Einzug vor allem bei Kleinlokomotiven und im Triebwagenbau, auch wenn die meisten Baureihen noch mit einer mechanischen oder elektrischen Leistungsübertragung ausgestattet wurden. Dabei machten in erster Linie das geringere Gewicht und die kompakten Einbaumaße die Verwendung der jungen Technik attraktiv. Die beiden Schnelltriebwagen SVT 137 153 und 154 (Bauart Leipzig) erhielten DH-Getriebe und erreichten mit diesen eine Höchstgeschwindigkeit von 160 km/h.

Die meisten der berühmten SVT-Triebwagen der Bauarten Hamburg, Köln und Berlin waren jedoch mit DE-Antrieben ausgestattet. Sie stellten unter anderem zwischen Berlin und Hamburg neue Rekordfahrzeiten auf. Bei den kleineren Triebwagen für Nebenbahnen kamen häufig noch mechanische Getriebe zum Einsatz.

Die Vorteile und Möglichkeiten der Strömungsgetriebe sollten sich bald auch bei Großdieselloks bewähren. 1935 präsentierte die DRG anlässlich des 100-jährigen Jubiläums der deutschen Eisenbahn die erste Großdiesellok mit Strömungsgetriebe, die V 140 001. Ihr Einsatzgebiet sollten Güterzugleistungen auf Nebenbahnen und Personenzüge auf Hauptbahnen sein. Ihr Dieselmotor hatte acht Zylinder und entwickelte die stattliche Leistung von über 1000 kW. Sie war im Betriebsdienst erfolgreich und wurde nach dem Zweiten Weltkrieg von der Bundesbahn in ihren Bestand aufgenommen.

Der überwiegende Teil der Brennkraftfahrzeuge, die von der DRG in Betrieb genommen wurden, waren jedoch Kleinlokomotiven. Sie sollten den Güterverkehr beschleunigen, indem sie Rangierarbeiten auf Unterwegsbahnhöfen erleichterten. Eine Aufgabe, für die Dampflokomotiven wegen der hohen Betriebskosten nicht wirtschaftlich waren. Verschiedene Hersteller bauten Hunderte von Kleinlokomotiven zum Rangieren einzelner Wagen oder kleiner Wagengruppen. Kennzeichnend war ein überschaubarer Aufbau, sie mussten einfach zu bedienen sein und von angelerntem Personal bewegt werden können. Da die Loks nicht im permanenten Einsatz standen, sollten sie preiswert sein, das führte bei den meisten Loks zum Einbau von günstigen Zweitakt-Dieselmotoren, aber gerade in der Frühphase wurden auch viele Fahrzeuge noch mit Vergasermotoren produziert. Der Antrieb sollte unkompliziert und günstig sein und so wählte man anfangs zunächst Rädergetriebe und Rollenketten zur Leistungsübertragung.

Nach eingehenden Erprobungen mit 14 Lokomotiven von vier unterschiedlichen Herstellern kam es zu einer Beschaffung von weit über 1000 Kleinlokomotiven in zwei Leistungsklassen. Die Leistungsklasse I beschrieb alle Loks mit einer Leistung bis zu 28,7 kW, Leistungsklasse II umfasste alle Fahrzeuge zwischen 29 und 110 kW. Bei den Kleinloks kamen unterschiedlichste Motoren zum Einsatz und sie differierten auch in ihrem äußeren Erscheinungsbild. Bei späteren Beschaffungen wurden bereits Strömungsgetriebe von Voith eingebaut. Von diesen Kleinlokomotiven haben viele die Kriegswirren überstanden und gelangten zu DB und DR, wo sie ebenfalls noch viele Jahre im Einsatz waren.

Gegen Ende der 1930er-Jahre endete die zivile Entwicklung von Diesellokomotiven in Deutschland vorläufig. Alle Forschungsarbeit wurde wehrtechnischen Gesichtspunkten unterworfen. Der Zweite Weltkrieg brachte dennoch einige weitere Loks mit Dieselantrieb hervor, die speziell für die Bedürfnisse der Wehrmacht konzipiert wurden. Einige überstanden den Krieg auf deutschem Territorium und wurden später von der DB und der DR übernommen. Die deutschen Lokomotivbauer entwickelten drei Serien so genannter Wehrmachtregelspurlokomotiven (WR): Eine zweiachsige Variante WR 200 B 14 – 200 entspricht der installierten Motorleistung von

200 PS, B steht für die Achsfolge und 14 für die Achslast von 14 Tonnen – sowie die Versionen WR 360 C 14 und die WR 550 D 14. Sie sollten für die militärische Verwendung einfach aufgebaut und robust sein. Eine relativ geringe Achslast sollte den Einsatz auf schlechtem Oberbau ermöglichen. Bei der Leistungsübertragung entschied man sich für den Einbau von Strömungsgetrieben. Die Baureihe WR 360 wurde mit 292 gebauten Exemplaren zur seinerzeit meistgebauten Diesellok Europas. Das eingebaute Dreigang-Voith-Getriebe L 37 der Bauart Wandler-Kupplung-Kupplung wurde zu einem der erfolgreichsten Produkte des Heidenheimer Unternehmens. Sie bauten dieses Mitte der 1930er-Jahre entwickelte Getriebe mit leichten Veränderungen bis in die 1970er-Jahre 3570-mal. Für den speziellen Einsatz vor Eisenbahngeschützen entwarf Krupp außerdem die Doppellokomotive D 311, die sich mittels dieselelektrischer Leistungsübertragung bewegte.

2.5 DER BOOM DER NACHKRIEGSZEIT

Nach dem Zweiten Weltkrieg setzte bald eine rasante Entwicklung im Diesellokomotivbau in ganz Europa ein. Es bestand nach den Zerstörungen des Krieges ein enormer Beschaffungsbedarf bei den Eisenbahnverwaltungen. Die Bombardements hatten große Teile der Bahnanlagen zerstört oder beschädigt, gleiches galt für den Fuhrpark, der zudem noch aus den unterschiedlichsten Baumustern bestand. Darunter waren Dampflokomotiven aus der Länderbahnzeit, teilweise Splittergattungen und vereinfachte Kriegsloks, die ursprünglich nur für eine kurze Lebenserwartung ausgelegt waren. Zwar wurden zunächst auch noch Dampflokomotiven, zum Teil aus schon fertig gestellten Bauteilen montiert, manche Dampflokbaureihe modernisiert und auch noch neue Typen entworfen, aber dabei handelte es sich nur noch um Fahrzeuge für eine Übergangsphase, denn der Paradigmenwechsel im Schienenfahrzeugbau stand unmittelbar bevor. Auf Hauptbahnen würden künftig E-Loks die Hauptlast tragen, auf untergeordneten Strecken, wo sich eine Elektrifizierung nicht lohnte, würden die Leistungen von Dieselloks bewältigt werden müssen.

Die junge Bundesbahn projektierte umgehend nach ihrer Gründung ein Beschaffungsprogramm für Dieselloks. Die Technik sowohl bei Motoren als auch bei Getrieben hatte inzwischen ausreichende Fortschritte gemacht und war nun ausgereift genug, um der Dampflok endgültig den Rang abzulaufen. Auch in der DDR erkannte man den Wandel der Zeit. Da die DR jedoch stärker von Reparationsleistungen betroffen war und auch der Wirtschaftsaufschwung nicht im gleichen rasanten Tempo wie in der Bundesrepublik stattfand, hatte man es bei der DR etwas schwerer den Traktionswechsel genauso schnell wie bei der DB zu vollziehen.

2.5.1 DIE BUNDESBAHN SETZT AUF DIESELHYDRAULIK

Die junge DB vertraute im Vergleich zu vielen anderen Staatsbahnen schnell der noch jungen dieselhydraulischen Antriebstechnik, auch wenn bisher kaum Erfahrungen mit Großdiesellokomotiven vorlagen. Auch bei den Motoren vollzog sich ein Generationswechsel. Schnelllaufenden, kompakten Dieselmotoren teilweise mit Turboaufladung sollte die Zukunft gehören. Die erste wichtige Neubeschaffung der Bundesbahn wurde neben den Triebwagen der Baureihen VT 08 und VT 12 die Baureihe V 80. Die V 80 gelangte zwar nie über das Stadium einer Versuchsbaureihe hinaus, war aber immerhin über 30 Jahre im Betriebsdienst und lieferte wichtige Erfahrungen für den Bau aller weiteren Dieselloks. An der V 80 war alles neu, ihr Design brach mit allem, was in Deutschland zuvor auf Gleise gestellt worden war. Einen Aufbau mit Mittelführerstand und die Auslegung als Drehgestelllokomotive (Achsfolge B'B') hatte es so zuvor nicht gegeben. Ab 1952 lieferten Krauss-Maffei in München und MaK in Kiel zu gleichen Teilen insgesamt zehn Maschinen, die anfangs als Erprobungsträger für verschiedene Motoren und Getriebe dienten.

Aufgrund der bis dahin gesammelten Erfahrungen und ermittelten künftigen Bedürfnisse

Foto: A. Kiebler

Führerstand der V 80

legte die Bundesbahn in den frühen 50er-Jahren ein Beschaffungsprogramm für Streckendiesellokomotiven auf, das Fahrzeuge in drei verschiedenen Leistungsklassen vorsah. Grundprämisse war ein möglichst hoher Grad an vereinheitlichten Bauteilen. Die wichtigsten Klassen waren die V 60, die V 100 und die V 200. Bereits Mitte der 50er-Jahre wurde das Programm verfeinert, um bald erkennbare Lücken zu schließen. Es wurden die V 90, die V 100^{1}, die V 100^{23}, die V 160^{1} und die V 200^{1} sowie die V 320 projektiert. Neben der V 100-Familie sollten die Lokomotiven der V 160-Familie in mehreren Hundert Exemplaren ab den 60er-Jahren das Alltagsbild auf deutschen (Nebenbahn-) Gleisen bestimmen. Der Getriebehersteller Voith, der beinahe zum Monopolisten für Strömungsgetriebe wurde, war in den 60er-Jahren mit dem Bundesbahn-Neubauprogramm so stark ausgelastet, dass er Anfragen über Getriebelieferungen aus dem Ausland ablehnen musste.

2.5.2 DIE DR KÄMPFT MIT GRÖSSEREN SCHWIERIGKEITEN

Auf dem Gebiet der ehemaligen DDR war die Ausgangslage kurz nach dem Ende des Zweiten Weltkriegs zunächst in etwa vergleichbar zum Gebiet der späteren Bundesrepublik, jedoch litt die DDR stärker darunter, dass die DR in den letzten Kriegsjahren aus Angst vor der vorrückenden Roten Armee immer mehr Material in Richtung Westen abgezogen hatte. Das führte dazu, dass sich vor allen Dingen die moderneren Schienenfahrzeuge der DR nach Kriegsende überwiegend im Einflussbereich der westlichen Alliierten befanden. Nach Kriegsende litt die Eisenbahn auf dem Gebiet der späteren DDR unter den Reparationsleistungen an die Sowjetunion. Sie ließ Industrieanlagen demontieren und überführte brauchbare Lokomotiven in ihr Land. Die Sowjetunion baute Gleiskörper ab und schaffte sie nach Osten. Der Bedarf an

(Neu-) Lokomotiven war auch hier riesengroß. Die DR setzte aber aufgrund der äußeren Umstände zunächst noch stärker als die DB auf den Bau neuer beziehungsweise die Modernisierung vorhandener Dampfloks.
Aber auch bei der DR erkannte man, dass die Dampflok aus betriebswirtschaftlichen Gründen ihrem Ende entgegen sah und auch hier der grundsätzliche Wandel im Lokomotivbau unausweichlich werden würde. Die Anforderungen an einen modernen Industriestaat bedingten auch ein zeitgemäßes Transportwesen. Die Elektrifizierung der Hauptstrecken würde jedoch eine erhebliche Zeitspanne in Anspruch nehmen und auf den vielen Nebenlinien, wo sich der Aufwand einer Fahrleitung nicht lohnen würde, müssten künftig ebenso Diesellokomotiven zur Verfügung stehen.
Die Verantwortlichen der DR entwickelten wie ihre Kollegen der DB ein systematisches Beschaffungsprogramm für Diesellokomotiven. Es sah Lokomotiven der Leistungsklassen 100 PS (75 kW), 180 PS (130 kW), 600 PS (440 kW), 1000 PS (735 kW) und 1800/2200 PS (1300/1600 kW) vor. Und wie die DB gab auch die Reichsbahn dem DH-Antrieb den Vorzug und legte ebenso Wert auf einen möglichst hohen Grad an vereinheitlichten Bauteilen. Zwar beschaffte man im Jahr 1962 aus der ČSSR 20 Lokomotiven der Baureihe V 75 mit DE-Leistungsübertagung, die eigenen Entwicklungen sahen jedoch ausschließlich Strömungsgetriebe vor.
Nicht zufällig war das erste Muster aus dem neuen Beschaffungsprogramm eine kleine zweiachsige Lok für den Rangierdienst. Gerade für diese Aufgaben war der Einsatz einer Dampflok, die von zwei Männern zu bedienen war, besonders unwirtschaftlich. Im Jahr 1958 stellte der VEB Lokomotivbau Karl Marx in Babelsberg die V 15 101 vor. Ein Jahr später lieferte dasselbe Werk die erste V 60 für Rangieraufgaben und den leichten Dienst auf Nebenbahnen. Außerdem übergaben die Babelsberger 1959 die V 180 001 an die DR. Sie war die erste Streckendiesellok für den Einsatz vor Personen- und Güterzügen. Aussehen und Konzept der V 180 erinnerte ein wenig an die V 200 der Bundesbahn. In den nächsten Jahren folgten noch die V 100, V 180[1], V 180[2] und die V 240.
Die sozialistische Planwirtschaft im RGW (Rat für gegenseitige Wirtschaftshilfe = Comecon) organisierte in den 60er-Jahren den Lokomotivbau in den beteiligten Staaten neu. Fortan importierte die DDR Großdiesselloks aus anderen Comecon-Ländern. Innerhalb des RGW wurde eine russische 1470-kW-Lok zum Exportschlager. Als V 200 gelangten 1966 die ersten beiden Vorausexemplare von der Lokomotivfabrik Oktoberrevolution in Woroschilowgrad zur DR. Von der mehr oder weniger liebevoll als »Wumme« oder »Taigatrommel« bezeichneten Lok beschaffte die DR weit über 300 Maschinen für den Güterzugdienst. Als nächste folgte ihr die »Ludmilla«. Zunächst als V 300 bezeichnet importierte die DR eine sechsachsige Universaldiesellok für den gemischten Dienst mit einer installierten Leistung von 2200 kW. Neben den Russen durften auch die Rumänen Großdieselloks bauen und so kam es dazu, dass die DR Ende der 1970er-Jahre Dieselloks aus Rumänien importierte. Die Baureihe 119, das U-Boot, bereicherte den Fuhrpark ab 1978.

2.6 NEUESTE ENTWICKLUNGEN

Die Diesellokentwicklung bei der Deutschen Bundesbahn fand ihr vorläufiges Ende in der Baureihe 218. Diese wurde bis zum Jahr 1978 gebaut und deckte vorläufig den Bedarf der DB. Die fortschreitende Elektrifizierung der Hauptstrecken und der verstärkte Einsatz von Triebwagen im Personennahverkehr erforderten keine zusätzlichen neuen Lokomotivbaureihen. Anfang der 70er-Jahre bauten Henschel und BBC drei Lokomotiven, die als DE 2500 bezeichnet wurden. Technisch waren diese dieselelektrischen Lokomotiven wegweisend als Pioniere der Drehstromtechnik mit Asynchron-Fahrmotoren. Die Bundesbahn mietete die Maschinen zeitweilig zu Erprobungszwecken an, jedoch folgte keine Bestellung. Die Sättigung des Lokomotivbedarfs der DB spürten auch die Hersteller der Diesellokomotiven und deren Zulieferer. Musste Voith wenige Jahre zuvor noch Aufträge ablehnen, so hielten in den 80er-Jah-

ren Triebwagen- und Auslandsaufträge die Getriebesparte des Konzerns über Wasser.
Die Bahnreform vom 1. Januar 1994 hat den Schienenmarkt in den vergangenen mehr als 20 Jahren gründlich umgekrempelt. Die zur neuen DB AG vereinigten Staatsbahnen DB und DR mussten sich als privatrechtlich organisiertes Unternehmen fortan dem Wettbewerb stellen. Aus zwei ehemals defizitären Staatskonzernen sollte ein moderner Dienstleister für Mobilität werden. Die in über 100 Jahren gewachsenen Staatsbahnen wurden zu einer Aktiengesellschaft umstrukturiert, die künftig an der Börse erfolgreich sein sollte. Letzteres wurde dann aber doch nicht umgesetzt.
Die Bahnreform beendete alte Monopole von DR und DB. Neue Mitbewerber begannen, sich ein Stück vom Kuchen der hiesigen Transportleistungen abzuschneiden. Allmählich entstanden immer neue vom Eisenbahnbundesamt (EBA) zugelassene Eisenbahnverkehrsunternehmen (EVU), die einen enormen Bedarf an Lokomotiven hatten und bis heute haben.
Da sich die DB AG nur selten bereit zeigte, ausgemusterte Lokomotiven an private Konkurrenten abzugeben, beschafften sich die alten und neuen Privatbahnen ihre Lokomotiven über die unterschiedlichsten Quellen. Neben Neubaufahrzeugen gab es am Markt Selbstzünder, die noch zu DR-Zeiten bereits kurz vor der Bahnreform verkauft worden waren oder aus ehemaligen DDR-Industriebetrieben stammten und Loks aus den ehemaligen RGW-Staaten. Vor allem die osteuropäischen Varianten der DR-BR 120 oder 132 waren begehrt, da sie mit geringerem Aufwand eine deutsche Zulassung erhalten konnten.
In den ersten Jahren nach der Reform kam es auch zu einigen spektakulären Importen. Als 1998 fünf Nohab-Lokomotiven des Typs My der Dänischen Staatsbahnen auf deutschen Gleisen auftauchten, zogen Heerscharen von Eisenbahnfotografen den berühmten Loks hinterher. Ein weiterer jedoch unfreiwilliger Skandinavien(re-)import waren elf Großdiesel des Typs ME 26, die der Hersteller Siemens Anfang 1999 aus Norwegen wegen anhaltender Reklamationen zurücknehmen musste und sie zunächst im Rahmen des hauseigenen Lokpools vermietete. Im Jahr 2004 konnte Siemens die ME 26 an die frühere Tochter und heutigen Konkurrenten Vossloh verkaufen.
Die Karsdorfer Eisenbahngesellschaft (KEG) erregte Ende der 90er-Jahre viel Aufmerksamkeit, als sie in Rumänien sechsachsige DE-Lokomotiven kaufte, um in Deutschland schwere Ganzzüge zu fahren. Die auch als »Rumänendiesel« bekannten Güterzugloks waren eine Schweizer Konstruktion für den Karpatenstaat. Eisenbahnfreunde freuten sich auch, als die Prignitzer Eisenbahngesellschaft (PEG) im Sommer 2002 Lokomotiven der ehemaligen Bundesbahn-Baureihe 221 bei der staatlichen griechischen Eisenbahn OSE kaufte, die die Griechen in den 80er-Jahren von der DB erworben hatten. Einige dieser Loks wurden aufwendig überholt und an verschiedene Privatbahnen verkauft, die übrigen Maschinen dienten zunächst als Ersatzteilspender und wurden anschließend verschrottet.
Zu einem beachtenswerten Erfolg brachte es etwa das ehemalige Raw Stendal, das sich darauf spezialisierte, alte Diesellokomotiven – überwiegend V 100 West und Ost – nach den Anforderungen der Käufer zu modernisieren. Die Lokomotiven werden dort unter anderem mit neuen Motoren und Führerständen ausgestattet und international vermarktet. Zu diesem Zweck gründeten die DB AG und der französische ALSTOM-Konzern 2002 die ALSTOM Lokomotiven Service GmbH (ALS), an der die DB AG 49 % hielt. Rund zehn Jahre später, im Mai 2012, übernahm ALSTOM auch die Anteile der DB AG an der ALS.
Aber nicht nur Importloks und modernisierte Lokomotiven aus alten DB- und DR-Beständen beleben den Diesellokmarkt. Die Vossloh Locomotives GmbH, die aus der ehemaligen Maschinenbau Kiel AG (MaK) hervorging, hat sich in den vergangenen Jahrzehnten eine bedeutende Stellung im Diesellok-Neubau verschafft. Sowohl für den Rangier- und Streckendienst deckten die Kieler zeitweilig das Diesellokspektrum zwischen 400 und 2200 kW ab. Vor allen Dingen die Maschinen der Baureihen G 1206 und G 1700 erwiesen sich als Erfolgsmodelle. Auffällig war auch das 2000 bis 2010 gebaute, leistungsstärkste Modell G

2000 mit einem sehr charakteristischen asymmetrischen Führerstand. Neueste Entwicklung ist eine von Grund auf neu konzipierten Lokfamilie, zum deren Standardportfolio neben drei diesel-hydraulischen Modellen (G 6, G 12 u. G 18) nun auch zwei diesel-elektrische Typen (DE 12 u. DE 18) gehören. Hauptabnehmer sind private deutsche EVU und zahlreiche ausländische Privat- und Staatsbahnen sowie Leasinggesellschaften.

Ende der 90er-Jahre erschienen auf deutschen Gleisen die sechsachsigen Class-66-Loks für den schweren Güterzugdienst des amerikanischen Herstellers General Motors, der mit dieser Type erstmals in Deutschland Fuß fasste.

Auch die Firma Siemens war in dieser Zeit nicht untätig. Zwischen 2002 und 2011 fertigte das Unternehmen dieselelektrische Baureihe ER (»Eurorunner«) 20, die als Reihe 2016 (»Hercules«) für die ÖBB entwickelt worden war. Die modernste Diesellokomotive von Siemens, die derzeit auf heimischen Gleisen verkehrt, ist der »Vectron DE«, die Diesel-Variante der bekannten Vectron-Plattform.

Zur Episode geriet dagegen das Engagement des bekannten Heidenheimer Unternehmens Voith beim Bau von Lokomotiven. Bereits in den 90er-Jahren entwickelten Voiths Ingenieure das Getriebe LS 640 reU2 für den Einsatz in leistungsstarken Großdieselloks. Doch der erwartete Großauftrag der Deutschen Bundesbahn blieb aus, da die Vereinigung der beiden deutschen Staaten und damit auch von DB und DR dafür sorgte, dass auch im Westen ausreichend neuere Maschinen zur Verfügung standen. Da Voith nicht nur über das vollständig entwickelte Getriebe, sondern über weitere Komponenten für den Bau von Lokomotiven verfügte, gründete das Unternehmen die Voith Turbo Lokomotivtechnik GmbH & Co. KG und siedelte die junge Firma im Hafen Kiel-Wik am Südufer des Nord-Ostsee-Kanals an. Im Jahr 2006 stellte man in Berlin auf der Innotrans erstmals die Maxima 40 CC vor. Es folgte die Gravita 10 BB mit Mittelführerstand, mit der Voith eine Ausschreibung der Deutschen Bahn über 130 Rangierlokomotiven gewann. Außerdem kamen noch die Varianten Maxima 30 CC sowie die Gravita 15 BB hinzu.

Doch der notwendige Geschäftserfolg blieb aus, weshalb Voith 2014 den Lokbau wieder einstellte und sich auf Instandsetzungsarbeiten beschränkt. Das Werk Kiel-Wik fertigte insgesamt 20 Maxima und 165 Gravita.

Mit etwas größerem Erfolg konnte sich dagegen die Firma Bombardier mit drei dieselelektrischen Varianten Traxx P160 DE (Baureihe 246), Traxx P160 DE ME (Baureihe 245) und Traxx F140 DE (Baureihe 285) aus ihrer bekannten Traxx-Familie am Markt positionieren. Bereits im Jahr 2011 schloss das Unternehmen mit der DB AG einen Rahmenvertrag über die Lieferung von 200 Exemplaren der Baureihe 245 ab. Der Staatskonzern wollte mit den neuen Fahrzeuge, die sowohl für den Güter- als auch den Personenverkehr geeignet sein sollten, vor allem die in die Jahre gekommenen Baureihen 218 und 225 ablösen. Im Betrieb konnten die Bombardier-Diesel nicht zuletzt wegen wiederholter technischer Probleme jedoch nur bedingt überzeugen. Die DB AG nahm nur einen kleinen Teil der geplanten Optionen wahr. Sattdessen setzt das Unternehmen heute in großem Stil auf Zweikraftlokomotiven aus der Vectron-Familie des Lieferanten Siemens (Baureihen 247 und 248). Auch bislang unbekannte Firmen wie die chinesische CRRC kommen als Lieferanten zum Zug.

Neben dem ehemaligen Staatskonzern etablierten sich in den vergangenen beiden Jahrzehnten bedeutende Besteller für (Diesel-) Lokomotiven am Markt. International tätige Leasinggesellschaften traten zunehmend als schwergewichtige Auftraggeber auf. Firmen wie Locomotion Capital orderten neue Loks in größeren Stückzahlen und vermieteten sie anschließend an Bahngesellschaften. Der Einsatz von Mietloks erhöht die Flexibilität der EVU und erleichtert die Reaktion auf Nachfrageschwankungen.

2.7 DIE HERSTELLER

Vor allem in den vergangenen vier Jahrzehnten gab es eine sehr starke Konzentration unter den deutschen und europäischen Lokomotivproduzenten.

Von mehreren Dutzend Herstellern, die sich in Deutschland noch bis zum Zweiten Weltkrieg mit dem Bau von Lokomotiven beschäftigten, blieben bis heute nur wenige übrig. In der Bundesrepublik führten Verkäufe und Fusionen zu einer Verdichtung auf die drei so genannten Global-Player Siemens, Bombardier und Alstom sowie einige, die vor allem Nischen-Märkte bedienen, wie beispielsweise die Firma Schöma und wenige andere.

Zu den bedeutenden Diesellokherstellern zählt außerdem die Vossloh Locomotives GmbH aus Kiel. Aktuell wird dort die 1800 kW starke DE 18 gebaut. Die Kieler blicken auf eine mehr als 85-jährige Geschichte zurück. Ausgangspunkt waren die Deutschen Werke Kiel (DWK), die nach dem Zweiten Weltkrieg in der Maschinenbau Kiel (MaK) aufgingen. MaK war führend an den Nachkriegsbeschaffungen der Deutschen Bundesbahn beteiligt und manche bekannte Diesellokbaureihe entstand auf ihren Reißbrettern. Im Jahr 1964 stieg Krupp bei MaK ein, 1992 übernahm Siemens die Gruppe. 1998 kam das traditionsreiche Unternehmen zum sauerländischen Vossloh-Konzern, 2019 erfolgte der Verkauf an den chinesischen Staatskonzern CRRC (China Railway Rolling Stock Corporation).

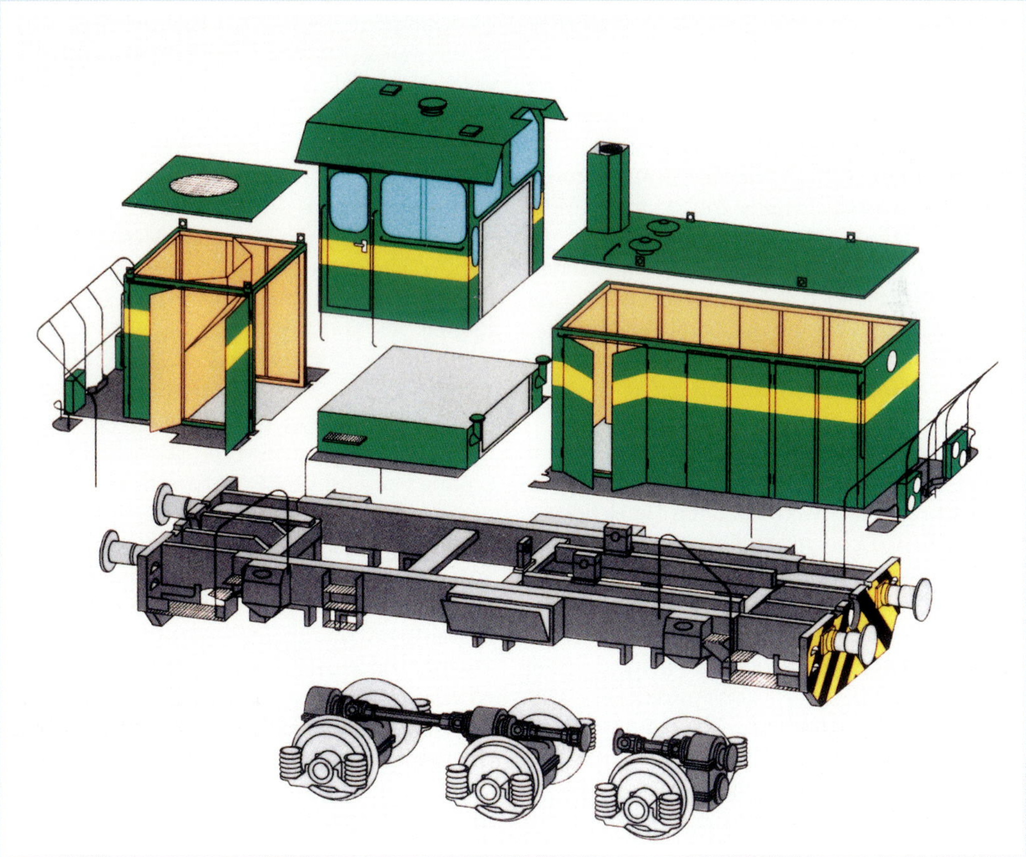

Anschaulich zeigt diese Zeichnung die modulare Bauweise bei Lokomotiven

Als neue Marktmacht tritt zudem der Schweizer Hersteller Stadler in Erscheinung, der nach der Übernahme der spanischen Diesellok-Produktion von Vossloh mit seiner Eurodual-Familie für Furore sorgt.
Mit der Eurorunner-Familie kehrte Siemens, seitdem sie bei MaK in Kiel ausstiegen, zunächst in den Bau von dieselbetriebenen Streckenlokomotiven zurück. Es folgte die dieselelektrische Variante des Vectron. Als klassischer Elektrokonzern beschäftigte sich Siemens verstärkt mit dem Bau von E-Loks. Am Diesellokbau waren die Münchner bis zur MaK-Übernahme 1992 nur indirekt beteiligt. Als Siemens 1999 die Mehrheit an Krauss-Maffei übernahm, erwarb man auch wieder die Kompetenz im Bau von Selbstzündern.
Als der kanadische Mischkonzern Bombardier am 1. Mai 2001 die Adtranz-Gruppe aus dem Daimler-Chrysler-Konglomerat herauskaufte, übernahm er auch einen Großteil der Geschichte deutscher Schienenfahrzeughersteller: Bereits 1996 waren die ABB-Henschel-Gruppe und AEG-Daimler-Benz zu Adtranz fusioniert. Neben ABB, AEG, Daimler-Benz und Henschel fand man im Adtranz-Erbe die klangvollen Namen Orenstein & Koppel, Deutz, MAN, MBB, Waggon Union, Linke-Hofmann-Busch, Thyssen und Maschinenfabrik Esslingen, von denen viele den Diesellokbau Deutschlands geprägt haben. Nach der Fusion der Bombardier-Schienensparte mit dem Konkurrenten Alstom werden die Kompetenten mit denen des neuen französischen Partners gebündelt.
Vor der großen Konzentration waren die wichtigsten Hersteller neben MaK die Deutz-Werke in Köln, Krauss-Maffei in München, Henschel aus Kassel, Arnold Jung in Jungenthal, Gmeinder aus Mosbach, Krupp in Essen, Orenstein & Koppel aus Berlin, der Lokomotivbau Karl Marx aus Babelsberg, die LEW Lokomotivbau Elektrotechnische Werke in Hennigsdorf und manche mehr.
Bei den Dieselmotoren konzentriert sich das Angebot heute ebenso auf wenige Hersteller. Bedeutung haben heute noch vor allem die Motoren- und Turbinen-Union (MTU) aus Friedrichshafen und der amerikanische Hersteller Caterpillar. Mit der Class 66 machte sich zwischenzeitlich auch GM bemerkbar.
Zur MTU gehört auch der traditionsreiche Hersteller Maybach, an dem Daimler-Benz 1960 die Mehrheit erwarb und 1966 endgültig zur Maybach Mercedes-Benz Motorenbau GmbH vereinigte. Nur drei Jahre später wurde das Unternehmen erneut umbenannt. Die vertragliche Kooperation zwischen MAN und Daimler-Benz ließ die MTU entstehen. In München war man innerhalb der MTU für den Triebwerksbau zuständig, in Friedrichshafen wurde die Dieselmotoren-Kompetenz gebündelt. Nach der Jahrtausendwende gab es weitere Änderungen in der Eigentümerstruktur.
Seit dem Jahr 2005 gehörte die MTU Friedrichshafen GmbH zunächst zu 100 % zur DaimlerChrysler AG, der heutigen Daimler AG. Die Familiengesellschafter – die Familien Maybach (7,2 %), von Brandenstein-Zeppelin (3,124 %) und die GBZ Holding GmbH (1,326 %) – hatten ihre Anteile Anfang September 2005 im Rahmen eines geplanten Verkaufs der MTU Friedrichshafen an einen Investor an DaimlerChrysler verkauft. Zum Jahresende 2005 veräußerte die DaimlerChrysler AG die MTU für die Summe von 1,6 Milliarden Euro an die schwedische Private-Equity-Gruppe EQT. Im Juli des Jahres 2006 änderte der Marken- und Firmenverbund um die MTU-Gruppe seinen Namen in Tognum GmbH. Nichtsdestoweniger blieben die Friedrichshafener Werke sowie der Markenname MTU erhalten. Ein Börsengang am 2. Juli 2007 wandelte Tognum in eine Aktiengesellschaft.
Das Jahr 2011 verzeichnete den Einstieg des Motorenherstellers Rolls-Royce, der zusammen Daimler über die gemeinsame Tochter Engine Holding GmbH fast 100 % des Kapitals der Tognum AG hielten. Im Jahr 2014 übernahm der Rolls-Royce-Konzern die Anteile von Daimler vollständig und der Name Tognum AG änderte sich in Rolls-Royce Power Systems AG.
Zweiter bedeutender Anbieter neben MTU ist heutzutage der amerikanische Caterpillar-Konzern. Ursprünglich bauten die Amerikaner dampfgetriebene landwirtschaftliche Maschinen, Ende der 1920er-Jahre begann der Dieselmotorbau. Seit einigen Jahren werden zunehmend Caterpillar-Aggregate in Neu- und modernisierte Dieselloks eingebaut.

2.8 BEZEICHNUNG DER DIESELLOKOMOTIVEN

Als die Deutsche Reichsbahn für ihre neuen Brennkraftfahrzeuge Baureihenbezeichnungen vergeben musste, entstand anfangs ein vergleichsweise wenig aussagekräftiges Nummerierungsschema. Eindeutiges Kennzeichen war ein großes V (Verbrennung), das die neuartigen Fahrzeuge markierte. Danach folgte eine vier- bis fünfstellige Ordnungsnummer, deren erste beiden Ziffern die eigentliche Baureihe angaben und die weiteren Stellen der fortlaufenden Nummerierung dienten.

Beispiel: V 32 01
Eine genauere Spezifikation ermöglichte die zusätzliche Angabe von Gattungszeichen und Informationen über Kuppelachsen sowie Achslast. Bald führte die DRG ein wesentlich aussagekräftigeres Baureihenschema ein, das einfache Rückschlüsse über den jeweiligen Lokomotivtyp erlaubte. Das große V blieb erhalten, als Baureihenbezeichnung folgte eine Zahl, die ungefähr dem zehnten Teil der Motorleistung in Pferdestärken entspricht. Die Baureihennummer konnte somit zwei- oder dreistellig sein. Mit einem kleinen Abstand folgte die Ordnungsnummer.

Beispiel: V 60 001, V 100 001
In der Ordnungsnummer konnte zudem noch die Information über eventuelle Unterbaureihen enthalten sein, die sich deutlich in der Motorleistung oder im Aufbau unterschieden.
Beispiel: V 100^{23} → V 100 2332 bis V 100 2341
Für Schmalspurlokomotiven wurden Ordnungsnummern ab 900 vergeben:

Beispiel: V 51 901
Diese von der DRG eingeführte Einteilung übernahmen sowohl die Deutsche Bundesbahn als auch die Reichsbahn der DDR.
Als die elektronische Datenverarbeitung eingeführt werden sollte, mussten die beiden Eisenbahnverwaltungen in Ost wie West die Baureihenbezeichnungen ihrer Lokomotiven anpassen. Die Fahrzeuge erhielten eine sechsstellige Loknummer, die in zwei dreistellige Gruppen aufgeteilt wurde, sowie eine mit einem Bindestrich abgesetzte Kontrollziffer.

Das große V entfiel und wurde durch die erste Stelle, der sechsstelligen Loknummer ersetzt. Bei der DB stand die »2« und bei der DR die »1« für Diesellokomotiven. Die ersten drei Ziffern gaben insgesamt die neue Baureihe an. Die zweite Dreiergruppe diente wieder als Ordnungsnummer.

Beispiel: V 169 001 → 219 001
Der Rückschluss auf die frühere Baureihenbezeichnung war häufig nicht mehr möglich. Unterbaureihen wurden wieder mit der ersten Ziffer in der dreistelligen Ordnungsnummer markiert.
Neu war die so genannte Kontrollziffer, die folgendermaßen ermittelt wurde:

V 169 001 wird seit 1968 als 219 001 bezeichnet:	219 001
Unter die Fahrzeugnummer wird eine Hilfsziffer geschrieben	121 212
Man multipliziere die untereinander stehenden Zahlen	229 002
Bilden der Quersumme (2+2+9+0+0+2)=	15
Die nächsthöhere Zehnerzahl zu 15 ist 20, 20-15=	5

Die Kontrollziffer lautet 5, die korrekte Bezeichnung der Gasturbinenlok ist: 219 001-5.

Die Umstellung auf die so genannten EDV-Nummern vollzog sich bei der DB ab 1968 und bei der DR begann man 1970 mit der Vergabe der neuen Nummern nach dem gleichen Schema wie die Bundesbahn.
Nach der Wiedervereinigung Deutschlands wurden auch zügig die beiden staatlichen Bahnen vereinigt. Schon vor der eigentlichen Gründung der Deutschen Bahn AG im Januar 1994, in der die ehemalige Bundes- und Reichsbahn aufgingen, war schon am 1. Januar 1992 das Baureihensystem beider Bahnverwaltungen vereinheitlicht worden.
Grundlage bildete das DB-Schema aus dem Jahr 1968, d.h. die ehemaligen DR-Dieselloks erhielten nun eine 2 als kennzeichnende An-

fangsziffer. Viele DR-Lokomotiven bekamen nun völlig neue Baureihenbezeichnungen, da Nummern bereits durch DB-Fahrzeuge belegt waren oder weil sie bei dieser Gelegenheit den Kleinlokomotiven zugeschlagen wurden.

Beispiele:
BR 132 (DR) → BR 232 (DB AG)
BR 112 (DR) → BR 202 (DB AG)
BR 106 (DR) → BR 346 (DB AG)

2.8.1 KLEINLOKOMOTIVEN

Die DRG führte ihre in Hunderten von Exemplaren gebauten Kleinloks ein eigenes Bezeichnungsschema ein. Alle Fahrzeuge erhielten ein großes »K« vorangestellt. Weitere Kleinbuchstaben spezifizierten die Antriebsart:

Kb (b = Benzin):	Ottomotor mechanisches Getriebe
Kö (ö = Öl):	Dieselmotor, mechanisches Getriebe
Köe (e = elektrisch):	Dieselmotor, DE-Leistungsübertragung
Kbe:	Ottomotor, DE-Leistungsübertragung
Kbf (f = Flüssigkeitsgetriebe):	Ottomotor, hydrodynamische Leistungsübertragung
Köf:	Dieselmotor, hydrodynamische Leistungsübertragung

2.8.2 DIE ACHSFOLGE

Ein weiteres wichtiges Kennzeichen für Lokomotiven ist neben der Baureihenbezeichnung die Achsfolge. Gerade Privat- und Industrielokomotiven werden meist durch ihre Achsfolge und die Motorleistung charakterisiert, da beinahe jede NE-Bahn ihr eigenes Bezeichnungsschema führt. Bei Dieselloks ist die Variationsbreite der vorkommenden Achsanordnungen jedoch geringer als bei Dampf- und E-Loks und beschränkt sich hauptsächlich auf Drehgestelllokomotiven mit vier und sechs Achsen sowie Rangierloks mit zwei bis vier im Lokrahmen gelagerten Achsen. Prinzipiell werden Achsfolgen auf diese Weise angegeben:

1	eine im Hauptrahmen gelagerte Laufachse
2	zwei unmittelbar im Hauptrahmen gelagerte aufeinander folgende Laufachsen
A	eine im Hauptrahmen gelagerte angetriebene Achse
B	zwei im Hauptrahmen gelagerte, miteinander gekuppelte angetriebene Achsen
Bo	zwei im Hauptrahmen gelagerte, nicht miteinander gekuppelte angetriebene Achsen
BB	vier angetriebene Achsen sind im Hauptrahmen gelagert, jeweils zwei von ihnen sind miteinander gekuppelt

Antriebslose Laufachsen werden mit arabischen Zahlen gekennzeichnet, alle angetriebenen Achsen durch große lateinische Buchstaben, wobei A für eine, B für zwei, C für drei usf. Achsen steht. Eine Achsfolge 1C1 bedeutet demnach einer Laufachse folgen drei angetriebene Achsen und erneut eine Laufachse. Gerade bei Drehgestelllokomotiven ist noch eine feinere Differenzierung nötig. Hier werden die einzelnen im Hautrahmen gelagerten angetriebenen oder nicht angetriebenen Achsen betrachtet und gegebenenfalls mit einem Beistrich gekennzeichnet

1′	eine Laufachse, die nicht im Hauptrahmen läuft
2′	zwei Laufachsen, die nicht im Hauptrahmen laufen
B′	zwei miteinander gekuppelte, angetriebene Achsen, die in einem gemeinsamen Rahmengestell laufen
Bo′	zwei einzeln angetriebene Achsen, die in einem gemeinsamen Rahmengestell laufen
B′B′	je zwei miteinander gekuppelte Treibachsen, die in zwei verschiedenen Rahmengestellen laufen
(A 1 A)	ein Triebgestell, in dem eine antriebslose zwischen zwei angetriebenen Achse läuft.

WIE FUNKTIONIERT DIESES BUCH?

In diesem Diesellok-Überblick wurde eine für manche Leser ungewohnte Einteilung vorgenommen. Die Fahrzeuge gliedern sich nicht entsprechend der meist benutzten Ordnung nach aufsteigenden Baureihennummern, sauber getrennt in West und Ost, sondern dieses Buch ordnet die Fahrzeuge nach ihrem Erscheinen. Das hat im Wesentlichen zwei Gründe: Vor allem bei den Dieselloks änderten sich die Baureihenbezeichnungen häufig gravierend und keineswegs selbsterklärend. So wurde etwa aus einer DR V 60 nach 1970 die Baureihe 106 und in den 90er-Jahren hießen die Rangierloks auf einmal BR 346. Zudem ist es fast drei Jahrzehnte nach der Wiedervereinigung höchste Zeit die überholte Ost-West-Trennung aufzubrechen.

Ein Register am Schluss des Buches, in dem alle vergebenen Baureihennummern aufgeführt sind, ermöglicht den Zugriff auch ohne Kenntnis des ersten Baujahres der betreffenden Baureihe.

Foto: F. Seraphin

251 011 sowie 251 007 der Firma Hectorrail erreichen am 20. September 2018 mit mehreren Gaskesselwagen den Bahnhof Miltitz-Roitzschen. Ziel des Zuges ist das Tanklager Rhäsa.

3. ABKÜRZUNGSVERZEICHNIS

3.1 BAHNTECHNISCHE ABKÜRZUNGEN

Ast	Betriebswerk-Außenstelle
Aw	Ausbesserungswerk
Bh	Betriebshof
BSW	Bundesbahn Sozialwerk
Bw	Betriebswerk
BZA	Bundesbahn Zentralamt
ED	Eisenbahndirektion
Raw	Reichsbahnausbesserungswerk
Rbd	Reichsbahndirektion
EBA	Eisenbahn-Bundesamt
EVU	Eisenbahn Verkehrsunternehmen
NE-Bahn	nichtbundeseigene Eisenbahngesellschaft

3.2 LOKTECHNISCHE ABKÜRZUNGEN

DE	Dieselelektrisch
DH	Dieselhydraulisch
km/h	Kilometer pro Stunde (Geschwindigkeit)
kW	Kilowatt (1 kW = 1,36 PS)
Umin-1	Umdrehungen pro Minute
U-/V-Getriebe	Umschalt- und Verteilgetriebe
WR	Wehrmachtregelspurlokomotive

3.3 BAHNVERWALTUNGEN

DB	Deutsche Bundesbahn
DB AG	Deutsche Bahn AG
DR	Deutsche Reichsbahn
DRG	Deutsche Reichsbahn-Gesellschaft
DSB	Dänische Staatsbahn
HGK	Häfen und Güterverkehr Köln
HKB	Hersfelder Kreisbahn
KEG	Karsdorfer Eisenbahn-gesellschaft
MEG	Mittelbadische Eisenbahn-gesellschaft
ÖBB	Österreichische Bundesbahnen
PEG	Prignitzer Eisenbahn Gesellschaft
RAG	Ruhrkohle AG
SNCF	Société Nationale des Chemins de fer Français
TWE	Teutoburger Waldeisenbahn
WEG	Württembergisch Eisenbahn-Gesellschaft
WLE	Prignitzer Eisenbahn Gesellschaft

3.4 HERSTELLER

ABB	ASEA Brown Boveri
AEG	Allgemeine Elektrizitäts Gesellschaft
ALCo	American Locomotive Company
BBC	Brown, Boveri & Cie AG
BEW	Bergmann-Elektrizitäts-Werke AG, Berlin
BMAG	Berliner Maschinenbau AG
BMS	Bergmann Maffei-Schwarzkopff
ČKD	Českomoravska Kolben Danek
EMD	Electro Motive Division
GE	General Electric
GM	General Motors
HANOMAG	Hannoversche Maschinenbau AG
LEW	Kombinat VEB Lokomotivbau – Elektrotechnische Werke »Hans Beimler« Hennigsdorf; seit 1990 LEW Hennigsdorf GmbH
KHD	Klöckner-Humboldt-Deutz
KM	Krauss-Maffei
MaK	Maschinenbau Kiel
MAN	Maschinenfabrik Augsburg Nürnberg
MBB	Messerschmidt Bölkow Blohm
MTU	Motoren- und Turbinenunion, Friedrichshafen
MWM	Motorenwerke Mannheim
Nohab	Nydqvist och Holm AB
O & K	Orenstein und Koppel
SAFB	Société Anglo-Franco-Belge

3.5 SONSTIGES

DGEG	Deutsche Gesellschaft für Eisenbahn-Geschichte
DMM	Deutsches Museum München
DTM	Deutsches Technik Museum, Berlin
EVU	Eisenbahn Verkehrsunternehmen
ER	Eurorunner
NE	Nichtbundeseigen
RGW	Rat für gegenseitige Wirtschaftshilfe

4. LITERATURVERZEICHNIS

Autorenkollektiv, Die Triebfahrzeuge der Deutschen Bahn AG und ihre Heimatbetriebshöfe (div. Ausgaben), Krefeld

F. Borchert/H.-J. Kirche, Lokomotiven der Deutschen Reichsbahn. Ellok, Diesellok und Triebwagen 1949 bis heute, Berlin 1986

E. Born u. a. , Lexikon für Eisenbahnfreunde, Luzern 1977

Andreas Christopher, Kleinlokomotiven deutscher Staatsbahnen, Köln 2000

Dreher, Hansi, Triebfahrzeuge der Deutschen Bundesbahn, Augsburg 1994

Th. Estler, Das große Loktypenbuch, Stuttgart 2001

Johannes Feihl, Die Diesellokomotive, Stuttgart 1997

GDL, Handbuch der Dieseltriebfahrzeuge der Deutschen Bundesbahn, Frankfurt 1975 (3. Auflage)

Gerthsen; Kneser; Vogel, Physik, Berlin, Heidelberg, New York

Wolfgang Glatte, Deutsches Lok-Archiv, Berlin 1993

Glaubitz, Frank; Ulbricht, Michael, Deutschen Lokomotiven in Italien, Köln 2003

Heinz, Kurt, Brennkraft-Triebfahrzeuge, Starnberg 1972

Henschel-Lokomotiven, Augsburg 1995

Hollingsworth/Cook, Das Handbuch der Lokomotiven, Basel 1990

Latten, Richard: Jahrbuch Europäische Eisenbahnen (mehrere Jahrgänge), Stuttgart und Berlin

Lexikon der Eisenbahn, Berlin 1990

Lexikon der Lokomotive. Geschichte und Technik, herausgegeben von H. Rose, Berlin 1992

Maier, Konrad, Die Diesellokomotiven bei der DB, Stuttgart 1988

M. Mehltretter, Die Lokomotiven der Deutschen Bundesbahn, Stuttgart 1978

Merkbuch für Triebfahrzeuge: Die Elektro-, Diesellokomotiven und Triebwagen der Deutschen Reichsbahn, Holzminden

Niedt, Markus, Die Gasturbinenfahrzeuge der Deutschen Bundesbahn, Friedberg 1986

H. J. Obermayer, Diesellokomotiven, Augsburg 1995

Wolfgang Paetzold, Voith-Turbogetriebe 1930_1985, Heidenheim 2002

Wolfgang Paetzold, Voith-Turbogetriebe für Diesellokomotiven 1985_2000, Heidenheim 2001

Wolfgang Paetzold, 65 Jahre Voith Turbogetriebe für Schienenfahrzeuge 1930_1995, Heidenheim 1995

Wolfgang Paetzold, Die Leistungsübertragung von Dieseltriebfahrzeugen, Heidenheim 2000

Richter/Ringler, Lexikon deutscher Privatbahnen, München 2002

R. R. Rossberg (Hrsg.), Deutsche Eisenbahnfahrzeuge von 1838 bis heute, Düsseldorf 1988

Schlegel/Bochmann, Dieseltriebfahrzeuge, Berlin 1989 (6. Auflage)

J. M. Voith GmbH (Hrsg.), Hydrodynamik in der Antriebstechnik, Mainz 1987

J. M. Voith GmbH (Hrsg.), Auf den Schienen der Welt Band 1 bis 4, Heidenheim 1961 bis 1980

Darüber hinaus verschiedene Baureihenbücher des EK-Verlags GmbH, Freiburg, GeraMond Verlag, München, transpress-Verlag, Stuttgart, sowie Beiträge in verschiedenen Zeitschriften wie Die Lokomotivtechnik, Bahn-Report, Der Schienenbus, Die Bundesbahn, Drehscheibe, Eisenbahn-Journal, Eisenbahn-Kurier, Eisenbahn Magazin, Eisenbahn-Revue International, Eisenbahntechnische Rundschau, Glasers Annalen, Lok Report, Lokrundschau, Modelleisenbahner und Broschüren der Hersteller Bombardier, Krauss-Maffei, Siemens und Vossloh.

Foto: Archiv transpress

Baureihe V 32 (DRG)

1924 entwickelte das Reichsbahn Zentralamt gemeinsam mit der Maschinenfabrik Esslingen und dem Motorenbauer MAN eine Diesellokomotive mit einer Leistung von mehr als 750 kW. Der Auftrag schloss sich an ein Entwicklungsprogramm für die Sowjetunion an.

Drei Jahre später, 1927, lieferten die Schwaben eine Lok, die von außen mehr wie eine verkleidete Dampf-, denn wie eine Diesellok aussah. Grund dafür war die gewählte pneumatische Leistungsübertragung. Der eingebaute 883-kW-Dieselmotor trieb kein gewöhnliches Getriebe an, sondern gab seine Leistung an einen Kompressor ab, der Luft verdichtete. Die Druckluft wurde, ähnlich dem Wasserdampf einer Dampflok in einen Zylinder geleitet. Die Kolben in den Zylindern waren mit Treibstangen verbunden, die drei Kuppelradsätze bewegten. Um eine Vereisung der Zylinder zu vermeiden, wurde die komprimierte Luft von den Motorabgasen auf 350° Celsius aufgeheizt.

Der thermische Wirkungsgrad der V 32 war höher im Vergleich zur Dampflokomotive, dennoch konnte sie im Einsatz bei der Rbd Stuttgart nicht wirklich befriedigen.

Zwischen Autragserteilung und endgültiger Abnahme vergingen fünf Jahre, die Einsatzzeit war kaum länger. Mitte der 30er-Jahre wurde die inzwischen als V 120 01 bezeichnete Maschine verschrottet.

Baureihenbezeichnung:	**V 32 01, später V 120 01**
Radsatzanordnung:	**2'C2'**
Anzahl der Motoren:	**1, langsamlaufender Sechszylinder-MAN-Motor Typ Lo 6 Vu 45/42**
V_{max} (km/h):	**80**
Motorleistung (kW):	**883**
Motordrehzahl ($Umin^{-1}$):	**400**
Leistungsübertragung:	**pneumatisch**
Dienstmasse (t):	**124,6**
Größte Radsatzfahrmasse (t):	**18**
Länge über Puffer (mm):	**16330**
Treibraddurchmesser (mm):	**1600**
Laufraddurchmesser (mm):	**850**
Indienststellung:	**1929**
Stückzahl:	**1**
Bemerkungen: verschrottet	

Foto: U. Lieb

Familie: Leistungsgruppe II Kö II, Kb II, Köf II, Kbf II

Parallel zur Konzeption der Kleinlokomotiven der Leistungsgruppe I (siehe Seite 27), dachte man bei der DRG über eine stärker motorisierte Variante nach. Eine Arbeitsgemeinschaft an der die Hersteller Deutz, Jung, Krauss-Maffei und einige andere beteiligt waren, entwickelte ein Profil für Loks der Leistungsgruppe II. Die Grundforderungen entsprachen in etwa denen der Leistungsguppe I, jedoch sollten die Fahrzeuge in den Abmessungen, bezüglich der Fahrgestelle und der Leistungsübertragung und der Steuerungseinrichtungen stärker standardisiert sein. Nur bei den Motoren war ein gewisser Spielraum vorhanden, da wurde anfangs nur ein Leistungsbereich

Baureihenbezeichnung:	BR 321 bis 324 (DB), 100.1 bis 100.9 (DR)
Radsatzanordnung:	B
Anzahl der Motoren:	1, verschiedene Motoren
V_{max} (km/h):	30 bis 45
Motorleistung (kW):	35 bis 92
Leistungsübertragung:	mechanisch, DE, DH
Dienstmasse (t):	bis 17
Größte Radsatzfahrmasse (t):	8,5
Länge über Puffer (mm):	6450
Treibraddurchmesser (mm):	850
Indienststellung:	ab 1932
Stückzahl:	571
Bemerkungen: stark abnehmender Bestand	

zwischen 35 und 60 kW vorgegeben. Auffällig war der sehr tief liegende Führerstand.
Äußerlich beinahe zum Verwechseln ähnlich, unterschieden sich die Lokomotiven der Leistungsklasse II im Inneren erheblich. Es gab beinahe jede Form der Leistungsübertragung: Die Kb-Fahrzeuge mit Ottomotor und mechanischem Getriebe, Kö (Dieselmotor, mechanisches Getriebe), Köe (Dieselmotor, DE-Leistungsübertragung), Kbe (Ottomotor, DE-Leistungsübertragung), Kbf (Ottomotor, hydrodynamische Leistungsübertragung) und schließlich Köf (Dieselmotor, hydrodynamische Leistungsübertragung). Bis zum Ende des Zweiten Weltkriegs entstanden über 1000 Kleinlokomotiven der Leistungsgruppe II. Die meisten wurden mit Dieselmotoren ausgerüstet.
Nach dem Krieg waren Hunderte Loks über Deutschland verstreut und so verfügte auch die junge DR über eine Vielzahl an unterschiedlichen Baumustern. Viele wurden ausgemustert und verschrottet oder zumindest auf den Standard mit Dieselmotor und mechanischem oder hydrodynamischem Getriebe umgebaut. Die DR ließ nochmals 32 Fahrzeuge nachbauen. Nach 1970 wurden 295 Kö und 78 Köf zur 100.1 bis 100.9. Die Loks, die nach 1992 noch nach dem DB-Schema umgezeichnet, wurden hießen ab diesem Zeitpunkt BR 310.
Die Bundesbahn übernahm nach dem Ende des Krieges 444 verschiedene Fahrzeuge der Leistungsgruppe II. Diese Menge entsprach jedoch bei weitem nicht dem Bedarf und so ließ die DB 736 Loks dieses Typs nachbauen. Sie erhielten alle Strömungsgetriebe von Voith und Motoren von Kaelble oder Deutz mit einer Leistung zwischen 87 und 94 kW sowie Druckluftbremsen, die man am Luftbehälter auf der Motorhaube erkannte. Ab 1968 wurden die Lokomotiven in drei neue Baureihen eingeteilt: Die BR 321 umfasste Loks mit einer Höchstgeschwindigkeit bis 30 km/h und einer mechanischen Bremse, 322 galt für Loks bis 30 km/h mit Druckluftbremse und 323/324 führten diejenigen mit 45 km/h Höchstgeschwindigkeit inklusive Druckluftbremse. Inzwischen sind alle Kleinloks der Leistungsgruppe II bei der DB AG ausgeschieden, jedoch existieren noch sehr viele Fahrzeuge bei privaten EVU und Museumsbahnen.

Foto: S. Alkofer

Foto: Archiv transpress

Familie Kö I, Kb I

Die wirtschaftlichen Vorteile des Dieselantriebs gerade im Rangierbetrieb lagen früh auf der Hand. Vor allem auf kleineren Bahnhöfen, wo kein permanenter Lok-Einsatz erforderlich ist und nur ab und zu einzelne Wagen bewegt werden müssen, sind Motorfahrzeuge wegen ihrer kurzfristigen Bereitschaft klar im Vorteil gegenüber Dampfloks. Deshalb forderte die DRG die Fahrzeugindustrie auf, solche Fahrzeuge zu bauen. Eine Arbeitsgemeinschaft entwickelte aus den Erfahrungen mit den Prototypen eine Einheitslokomotive für Loks bis zu einer Leistung von 29 kW. Die Fahrzeuge sollten möglichst einfach aufgebaut und leicht von angelerntem Personal zu bedienen sein. Der Führerstand war offen. Während die ersten Loks noch in den Abmessungen und der installierten Leistung differierten, hatten die Loks ab 1934 einheitliche Abmessungen (Einheitsbauart) und ab 1935 auch eine höhere Leistung (verstärkte Einheitsbaurt). Ein mechanisches Getriebe sorgte für die Leistungsübertragung auf die beiden Achsen.

Bis 1939 wurden von verschiedenen Herstellern mehrere Hundert Lokomotiven abgeliefert. Die Produktion wurde zugunsten der stärkeren Leistungsgruppe II eingestellt. Nach dem Zweiten Weltkrieg gelangten noch knapp 200 Fahrzeuge zur DB und DR. Beide Bahnverwaltungen ließen erhaltenswerte Loks aufarbeiten und statteten sie mit neuen Motoren aus. Die DB bezeichnete ihre verbliebenen Kö ab 1968 als Baureihe 311, die DR gab ihnen die Baureihenbezeichnung 100.0.

Baureihenbezeichnung:	**BR 311 (DB) BR 100.0 (DR)**
Radsatzanordnung:	**B**
Anzahl der Motoren:	**1, verschiedene Motoren von Deutz, Junkers und Kaelble**
V_{max} (km/h):	**18/23**
Motorleistung (kW):	**35 bis 39 PS***
Leistungsübertragung:	**mechanisch**
Dienstmasse (2/3 Vorräte) (t):	**10,2***
Größte Radsatzfahrmasse (t):	**5,3***
Länge über Puffer (mm):	**5475***
Treibraddurchmesser (mm):	**850**
Indienststellung:	**ab 1933**
Stückzahl:	**289**
*** verstärkte Einheitsbauart**	

Foto: D. Endisch

WR 200 B 14

Die deutsche Wehrmacht legte in den 30er-Jahren ein eigenes Beschaffungsprogramm für Diesellokomotiven auf. In mehreren Leistungsklassen sollte die deutsche Fahrzeugindustrie einfache und standardisierte Lokomotiven bauen, die vor Geschützzügen und im Bauzugeinsatz der Pioniere verwendet werden sollten.

Die kleinste geforderte Klasse war eine zweiachsige Lok mit einer Leistung von etwa 145 kW und dieselhydraulischer Kraftübertragung. Der Antrieb auf die beiden Radsätze erfolgte mittels Blindwelle und Kuppelstangen. Es gab mehrere unterschiedliche Bauformen, die sich hauptsächlich in ihrer Länge und der Größe des Führerstands unterschieden und anfangs als V 20 beziehungsweise V 15, V 16 und V 22 geführt wurden. Die Wehrmacht beschaffte ca. 125 Maschinen dieser Typen. Nach dem Zweiten Weltkrieg verblieben bei der DB 25 Stück der Bauart V 20, die DR hatte vier Maschinen in ihrem Bestand. Die DB ließ auch noch mehrere ähnliche Lokomotiven (V 15 bis V 22), die sich in den Beständen befanden, aufarbeiten, mit neuen MaK-Motoren ausrüsten und bezeichnete sie danach ebenfalls als V 20. Während die DR-Maschinen vor der Einführung der EDV-Nummern ausgemustert wurden, erhielten 31 Bundesbahnloks noch die neue Baureihenbezeichnung BR 270. In den 70er-Jahren verschwanden die kleinen Loks, die vorwiegend leichte Rangieraufgaben zu erfüllen hatten.

Baureihenbezeichnung:	V 20 (DR); V20/22 (DB); BR 270 (DB ab 1968)
Radsatzanordnung:	B
Anzahl der Motoren:	1, Sechszylinder-Viertakt-Reihendieselmotor von Deutz oder MWM
V_{max} (km/h):	55
Motorleistung (kW):	145
Motordrehzahl (Umin^{-1}):	800/900
Leistungsübertragung:	hydrodynamisch, Voith L33y
Dienstmasse (2/3 Vorräte) (t):	28
Größte Radsatzfahrmasse (t):	14
Länge über Puffer (mm):	8000
Treibraddurchmesser (mm):	1100
Indienststellung:	1936
Stückzahl:	etwa 125

Foto: Archiv transpress

Baureihe V 140 (V 140 DB)

Die erste Streckendiesellok nach heutigem Verständnis in Deutschland war die 1935 vorgestellte V 140. Alle bis dato unternommenen Versuche eine Großdiesellok zu bauen, scheiterten jeweils an der gewählten Leistungsübertragung. Nachdem die Firma Voith bereits für verschiedene Triebwagen und Kleinlokomotiven erfolgreich hydrodynamische Antriebe entwickelt hatte, beschloss die DRG eine Lok mit dieser Form der Leitungsübertragung bauen zu lassen. Gemeinsam entwarfen das Reichsbahn-Zentralamt in München, Krauss-Maffei, MAN und Voith eine 83 Tonnen schwere Lok, die Güterzüge auf Nebenbahnen genauso wie Personenzüge auf Hauptstrecken ziehen sollte. Voith konstruierte für die V 140 ein Turbogetriebe einer neuen Dimension. Die bisher in Heidenheim gefertigten Turbogetriebe waren für eine Eingangsleistung von maximal 110 kW ausgelegt. Jetzt wurde ein Getriebe für eine etwa zehnfache Eingangsleistung benötigt. Ausgestattet mit Wendezugsteuerung, Versorgungseinrichtungen für die Zugbeleuchtung und Stirnübergangstüren war V 140 001 vielseitig einsetzbar.

Die anlässlich des 100-jährigen Jubiläums der deutschen Eisenbahn vorgestellte Lok erfüllte die Erwartungen ihrer Konstrukteure nachdem einige Anfangsprobleme beseitigt wurden. 1937 wurde die erste Lok ihrer Art auch auf der Pariser Weltausstellung präsentiert. Nach dem Zweiten Weltkrieg setzte die DB die Lok bis 1954 ein, danach wurde sie ausgemustert und steht heute im Deutschen Museum in München.

Baureihenbezeichnung:	**V 140 01 (DRG)**
Radsatzanordnung:	**1'C1'**
Anzahl der Motoren:	**1**
V_{max} (km/h):	**100**
Motorleistung (kW):	**1030**
Motordrehzahl ($Umin^{-1}$):	**700**
Leistungsübertragung:	**hydrodynamisch, Voith JJG 251**
Dienstmasse (t):	**83**
Größte Radsatzfahrmasse (t):	**17,3**
Länge über Puffer (mm):	**14400**
Treibraddurchmesser (mm):	**1400**
Laufraddurchmesser (mm):	**850**
Indienststellung:	**1935**
Stückzahl:	**1**
Bemerkungen: Ausmusterung 1954, heute ausgestellt im Deutschen Museum in München	

Foto: D. Hruza

HF 130 C

Neben den normalspurigen Diesellokomotiven verlangte die Wehrmacht auch den Bau von schmalspurigen Loks für den Einsatz nahe der Front auf provisorisch verlegten Gleisen. Die wichtigsten Typen waren die HF 130 C, eine dreiachsige Lok für die Spurweiten 600 und 750 Millimeter, die vierachsige HF 130 D für 750-mm-Bahnen – beide mit einer Motorleistung von 95 kW – und die vierachsige HF 200 D für die Spurweite 750 Millimetern mit einer Leistung von 150 kW.

Die größte Stückzahl erreichte die HF 130 C, von der zwischen 1938 und 1944 insgesamt 305 Stück an das Militär übergeben wurden.

Alle Loks hatten dasselbe Antriebskonzept: Vom hydrodynamischen Getriebe wurde mittels Blindwelle und Kuppelstange die Kraft auf alle Achsen übertragen. Auch der Aufbau mit einem geschweißten Außenrahmen war gleich. Viele Fahrzeuge gingen während des Kriegs verloren oder wurden schwer beschädigt. Brauchbare Fahrzeuge wurden häufig von Werkbahnen übernommen. Zwei HF 130 C, die den Krieg überlebten kamen, nachdem sie aufgearbeitet worden waren, als Köf 6001 und 6003 zum Rügenschen Schmalspurnetz und wurden später als 100 901 sowie 100 902 bezeichnet. Die HF 130 C war in den 1950er-Jahren auch Vorbild für mehrere ähnliche Konstruktionen der Bundesbahn für die Inselbahn auf Wangerooge.

Baureihenbezeichnung:	**100.9 (DR)**
Radsatzanordnung:	**Co**
Anzahl der Motoren:	**1, Sechs-Zylinder-Viertakt-V-motor**
V_{max} (km/h):	**20**
Motorleistung (kW):	**95**
Motordrehzahl ($Umin^{-1}$):	**1500**
Leistungsübertragung:	**dieselhydraulisch, Voith L 22**
Dienstmasse (t):	**16,5**
Größte Radsatzfahrmasse (t):	**5,5**
Länge über Puffer (mm):	**5325**
Indienststellung:	**1937**
Stückzahl:	**305**

Foto: S. Alkofer

WR 360 C 14

Die zweite Leistungsklasse des Wehrmachtbeschaffungsprogramms umfasste verschiedene Maschinen mit einer Leistung von 265 kW. Das Heereswaffenamt und die Fahrzeughersteller Schwartzkopf und O & K planten die neue Lokomotive. Auch in dieser Reihe war eine hydraulische Leistungsübertragung mit Blindwelle und Kuppelstangen vorgesehen. Um die Achslast nicht zu sehr ansteigen zu lassen wählten die Konstrukteure die Achsfolge C. Der Prototyp dieser Baureihe WR 360 C 14 wies einen Mittelführerstand aus, die Serienfahrzeuge erhielten einen längeren Radstand und einen Endführerstand, um die Laufeigenschaften zu verbessern.
Viele bedeutende Lokomotivhersteller wie Krupp, Henschel, Deutz und andere bauten insgesamt 292 Exemplare. Die Deutschen Werke Kiel lieferten 14 Loks mit mechanischer Kraftübertragung. Die Wehrmacht stufte die Bedeutung der Loks so hoch ein, dass sie bis Kriegsende produziert werden durften. Von dieser Baureihe gab es verschiedenste Ausführungen. Sie unterschieden sich in Gewicht, Länge und Höchstgeschwindigkeit.
Nach dem Zweiten Weltkrieg verblieben auf dem Territorium der späteren Bundesrepublik 70 Exemplare und im sowjetischen Einflussbereich 35 Fahrzeuge. Beide Bahnverwaltungen nutzten diese Baureihe weiter und unterzogen sie immer wieder verschiedensten Umbauten. Die DB ließ sogar nochmals 14 Exemplare in Vorkriegsbauart aus vorhandenen Bauteilen montieren und weitere 18 Stück einer überarbeiteten Version als V 36.4 bei MaK nachbauen. Auffälligste Nachkriegs-Umbaumaßnahme an einigen Loks war eine Dachkanzel. Sie wurde erforderlich für die einmännige Bedienung. Da die V 36 in den frühen Nachkriegsjahren auch im Personenzugverkehr eingesetzt wurden, erhielten einige Exemplare auch eine einfache Wendezugsteuerung. Aus der V 36 wurde bei der DB nach 1968 die Baureihe 236, bei der DR wurden die verbliebenen Fahrzeuge zur Baureihe 103 umgezeichnet und im Lauf der Zeit bis auf ein Museumsfahrzeug nach Fristablauf ausgemustert.

Baureihenbezeichnung:	**DR: V 36, ab 1970 BR 103; DB: V 36, ab 1968 BR 236**
Radsatzanordnung:	**C**
Anzahl der Motoren:	**1, langsamlaufender Sechszylinder-Viertakt-Reihendieselmotor von Deutz, MWM oder DWK**
V_{max} (km/h):	**55 (Schnellgang); 27 (Langsamgang)**
Motorleistung (kW):	**265**
Motordrehzahl (Umin^{-1}):	**600**
Leistungsübertragung:	**hydrodynamisch, Voith L37**
Dienstmasse (t):	**38,5 bis 42**
Größte Radsatzfahrmasse (t):	**12,8 bis 14**
Länge über Puffer (mm):	**9200 bis 9240**
Treibraddurchmesser (mm):	**1100**
Indienststellung:	**1938**
Stückzahl:	**knapp 300 Stück**
Bemerkungen: mehrere Maschinen bei Museumsbahnen	

Foto: D. Kempf

Baureihe D 311

Auch der Bau der späteren V 188 geht auf Anforderungen der Wehrmacht zurück. Sie benötigte für das gigantische Eisenbahngeschütz Dora geeignete Zugmaschinen. Die Firma Krupp, die auch das Geschütz konstruierte, baute vier Doppellokomotiven der Baureihe D 311. Jede Einzellokomotive besaß einen 690-kW-Motor und der Antrieb erfolgte dieselelektrisch. Diese Leistungsübertragung wählte man bei Krupp, da die D 311-Lokomotiven auch zur Stromversorgung des Geschützes am Einsatzort dienen sollten. Von den vier gebauten Doppellokomotiven überlebten sechs Einzeleinheiten den Krieg, aus denen die Bundesbahn bei Krauss-Maffei Anfang der 50er-Jahre zwei funktionsfähige Doppelloks zusammenstellen ließ. Entsprechend ihrer Leistung wurde aus den D 311 die Baureihe V 188 (= zweimal 940 PS). Die beiden Maschinen kamen überwiegend in Franken zum Einsatz und bewährten sich im Schiebedienst auf der Spessart-Rampe. Ein weiterer Umbau erfolgte 1956/57, dabei erhielten die Lokomotiven neue Maybach-Motoren mit einer Leistung von 810 kW und ihre zugelassene Höchstgeschwindigkeit wurde von 60 auf 75 km/h erhöht. Die beiden Einzelgänger überlebten sogar noch die Einführung der EDV-Nummern bei der DB und hießen ab 1968 288 001 und 288 002. Lok 288 001 wurde jedoch 1968 bereits abgestellt. 288 002 war noch bis 1971 beim Bw Bamberg im Einsatz und wurde nach ihrem Einsatzende ebenfalls verschrottet.

Baureihenbezeichnung:	**DB: V 188; ab 1968 BR 288**
Radsatzanordnung:	**Do + Do**
Anzahl der Motoren:	**2, langsamlaufender MAN-Sechszylinder, Typ W 6 V 30/38, später MTU-Zwölfzylinder MD 12 V 538 AT**
V_{max} (km/h):	**75**
Motorleistung (kW):	**691 (MAN), 810 (MTU)**
Motordrehzahl ($Umin^{-1}$):	**600 (MAN), 1500 (MTU)**
Dienstmasse (t):	**147**
Größte Radsatzfahrmasse (t):	**18,4**
Länge über Puffer (mm):	**22510**
Treibraddurchmesser (mm):	**1250**
Indienststellung:	**1939**
Stückzahl:	**14**
Bemerkungen: verschrottet	

Foto: D. Kempf

Baureihe V 80 (DB)

Die guten Erfahrungen mit dem hydrodynamischen Antrieb bei verschiedenen Vorkriegsfahrzeugen, vor allem auch mit der V 140, veranlasste die eben gegründete DB einen Prototyp in Auftrag zu geben, der die Einsatzfähigkeit des Antriebskonzepts endgültig unter Beweis stellen sollte. Gemeinsam mit dem BZA München entwickelten die beteiligten Firmen MaK und Krauss-Maffei, die Getriebehersteller Voith und Maybach, sowie die Motorenlieferanten Daimler-Benz, Maybach und MAN eine neue Lokomotive für den leichten Personen- und Güterzug- sowie den schweren Rangierdienst, die vor allem auch dank ihrer äußeren Erscheinung auffiel.

Wichtiger waren jedoch die technischen Neuerungen. Leichtbau und der Einsatz von Schweißtechnik beim Bau des Rahmens, der Drehgestelle und des Aufbaus waren wegweisend. Eine besondere Herausforderung war auch, dass je fünf Lokomotiven ein neues Voith-Getriebe vom Typ T36r der Bauart Wand-

Baureihenbezeichnung:	**BR 280 (DB)**
Radsatzanordnung:	**B'B'**
Anzahl der Motoren:	**1, anfangs verschiedene Dieselmotoren von Daimler-Benz, MAN und Maybach, später vereinheitlicht durch Zwölfzylinder-V-Motor von MTU**
V_{max} (km/h):	**100**
Motorleistung (kW):	**810 (MTU)**
Motordrehzahl ($Umin^{-1}$):	**1400**
Leistungsübertragung:	**Voith T 36, Voith LT 306r (beide hydrodynamisch) und Maybach-Mekydro K 104 (hydromechanisch)**
Dienstmasse (t):	**58**
Größte Radsatzfahrmasse (t):	**14,5**
Länge über Puffer (mm):	**12800**
Treibraddurchmesser (mm):	**940**
Indienststellung:	**1952**
Stückzahl:	**10**
Bemerkungen: 280 005 im Bestand des VMN	

ler-Wandler-Wandler und die anderen fünf ein hydromechanisches Getriebe von Maybach mit einem Anfahrwandler und vier mechanischen Gängen erhalten sollten. Bedingung war zudem, dass sowohl die Motoren und Getriebe untereinander austauschbar sein sollten. Die Bundesbahn sah für ihre Neuentwicklungen schon Anfang der 1950er-Jahre eine starke Vereinheitlichung wichtigster Baugruppen vor. Je fünf Lokomotiven verließen die Werkshallen von MaK und Krauss-Maffei.

Erfahrungen, die mit der V 80 gewonnen wurden, beeinflussten entscheidend die Entwicklung aller weiteren DB-Dieselloks. Besonders die gesammelten Erkenntnisse mit dem eingebauten Gelenkwellenantrieb waren bedeutend für alle späteren Großdiesel. Bei der V 80 ergaben sich Probleme mit der Länge der Wellen (2,46 m), die vom zentral angeordneten Getriebe zu den U-/V-Getrieben zwischen den Radsätzen laufen. Es blieb aus diversen Gründen bei den zehn Erprobungsträgern, auch weil die Motoren zu schwach waren. Sie wurden später gegen stärkere MTU-Aggregate ausgetauscht. Die Maschinen wurden anfangs Frankfurt und Bamberg zugeteilt und später bis zu ihrem Ausscheiden zwischen 1975 und 1978 in Bamberg zusammengezogen. Die meisten Lokomotiven wurden nach Italien verkauft, 280 010 fuhr zeitweise bei der Hersfelder Kreisbahn.

Foto: By Joschi71 – Own work, CC BY-SA 4.0, https://commons.wikimedia.org/w/index.php?curid=70126988

Foto: J. Krantz

Baureihe V 29 DB

Als Ersatz für die Dampfloks der meterspurigen Strecke zwischen Meckenheim und Mundenheim in Rheinland-Pfalz entwickelte das BZA in München gemeinsam mit der Firma Jung eine neue Loktype. Die wichtigsten Vorgaben waren Wirtschaftlichkeit und gute Streckensicht für das Lokpersonal.

Bei der Konstruktion handelt es sich nicht um eine klassische Drehgestelllok, sondern vielmehr um zwei kurzgekuppelte Einzelfahrzeuge, die vom Führerstand überbrückt werden. Die Motoren kamen aus dem Deutz-Lkw-Programm und die Leistung wurde mittels hydrodynamischem Voith-Getriebe und Ketten auf alle vier Radsätze übertragen.

Im Jahr 1952 übergab Jung drei Maschinen V 29 951 bis 953 an die DB. Bis zur Stilllegung der Strecke 1956 fuhren die drei Loks im Osten Ludwigshafens. Anschließend gelangten zwei Loks in die Oberpfalz zur so genannten Walhallabahn zwischen Regensburg und Wörth. Auch hier beendeten sie die Dampflokära bevor sie 1968 selbst, kurz nachdem sie zur Baureihe 299 umgezeichnet wurden, ausgemustert wurden. Beide Walhalla-Maschinen wurden verschrottet, V 29 952 gelangte schon 1956 zur Schmalspurbahn Nagold – Altensteig und wurde dort bis 1967 eingesetzt. Anschließend verkaufte die DB die Lok an die Mittelbadische Eisenbahngesellschaft (MEG), die sie bis 1980 benötigte. Die DGEG kaufte den Einzelgänger und bewahrte ihn vor der Verschrottung. Seit 1997 gehört die Maschine dem Deutschen Eisenbahn-Verein in Bruchhausen-Vilsen, der das Fahrzeug inzwischen betriebsfähig aufarbeiten ließ.

Baureihenbezeichnung:	**BR 299 DB**
Radsatzanordnung:	**B'B'**
Spurweite:	**1000 mm**
Anzahl der Motoren:	**2, Achtzylinder-Viertakt-V-Motor von Deutz**
V_{max} (km/h):	**40**
Motorleistung (kW):	**107**
Motordrehzahl (Umin^{-1}):	**2000**
Leistungsübertragung:	**hydrodynamisch, Voith L 33 y**
Dienstmasse (t):	**28**
Größte Radsatzfahrmasse (t):	**7**
Länge über Puffer (mm):	**9140**
Treibraddurchmesser (mm):	**8500**
Indienststellung:	**1952**
Stückzahl:	**3**
Bemerkungen: Ausmusterung 1968, V 29 952 im Besitz des DEV	

Foto: F. Seraphin

Baureihe V 200^0 (DB)

Nach der V 80 war es vor allem die V 200, die das Bild der modernen Großdieselloks der jungen Bundesbahn am Anfang prägte. Wie die V 80 fiel auch die V 200 durch ihr Design auf. Bis heute gelten die V 200 in ihrer charakteristischen Bundesbahn-Lackierung als einer der schönsten Entwürfe der Nachkriegsära.

Die V 200 war bereits Teil des ersten Beschaffungsprogramms der jungen DB. Ihr Einsatzgebiet sollte der schnelle leichte bis mittelschwere Dienst auf Hauptbahnen sein. Zum Einsatzspektrum sollten Schnell- und Güterzüge gleichermaßen gehören. An der Entwicklungsarbeit war wie immer das BZA in München beteiligt. Krauss-Maffei war für die Fahrzeugkonstruktion verantwortlich, die Motoren gleicher Leistung sollten MAN, Maybach und Daimler-Benz liefern und untereinander austauschbar sein. Gleiches galt für die Getriebe von Voith und Maybach. Die Motoren und Getriebe wurden auch in die V 80 sowie in die Triebwagen VT 08 und VT 12 eingebaut. Diese Vereinheitlichung sollte einen wesentlich wirtschaftlicheren Betrieb ermöglichen. Da unter diesen Vorgaben zwei Maschinenanlagen und Getriebe in der Lok eingebaut werden mussten, war konsequenter Leichtbau erforderlich, um das Lokgewicht unter 80 Tonnen zu halten. Der selbsttragende Lokomotivkasten war geschweißt.

1953 durfte die DB fünf Vorserienfahrzeuge entgegen nehmen, die anschließend nicht nur eingehend geprüft, sondern auch massiv öffentlich präsentiert wurden. Die völlig neuartige Lokomotivtype erregte in Fachkreisen und in der Öffentlichkeit bei Ausstellungen große Aufmerksamkeit; Präsentationsfahrten ins Ausland gehörten ebenfalls zum Programm der neuen Loks. Dennoch war die Motorleistung der Vorserienmaschinen etwas zu knapp bemessen, um die ehrgeizigen Anforderungen erfüllen zu können. Deshalb wurde die Motorleistung bei den Serienfahrzeugen von 1470 kW auf 1620 kW angehoben. MaK und Krauss-Maffei bauten zwischen 1956 und 1958 gemeinsam 80 Serienfahrzeuge. 1968 wurde die Baureihe V 2000 zur BR 220 umgezeichnet. Die V 200 kam beinahe in der gesamten BRD zum Einsatz. Ab Mitte der 1970er-Jahre wurden die Loks in Norddeutschland zusammengezogen. 1984 schieden die letzten Maschinen aus dem DB-Bestand aus.

Baureihenbezeichnung:	BR 220 (DB)
Radsatzanordnung:	B'B'
Anzahl der Motoren:	2, verschiedene Zwölfzylinder-V-Motoren von Mercedes-Benz, Maybach und MAN
V_{max} (km/h):	140
Motorleistung (kW):	810
Motordrehzahl (Umin^{-1}):	1500
Leistungsübertragung:	Voith LT 306 r (hydrodynamisch), Maybach-Mekydro K 104 (hydromechanisch)
Dienstmasse (t):	78 bis 84
Größte Radsatzfahrmasse (t):	19,5 bis 21
Länge über Puffer (mm):	18500
Treibraddurchmesser (mm):	950
Indienststellung:	1953
Stückzahl:	85 (inklusive fünf Vorauslokomotiven)
Bemerkungen: eine Lok im Bestand des VMN	

Foto: D. Kempf

Foto: Jan Luca Herrmann

Baureihe V 170

Nach amerikanischer Lizenz baute der schwedische Hersteller NOHAB in den 50er- und 60er-Jahren zahlreiche Lokomotiven dieses Typs für Dänemark, Norwegen und Ungarn. Auch in Belgien wurden die Maschinen von SAFB nach Nohab-Lizenz für die staatliche SNCB und die luxemburgische Staatsbahn CFL produziert.

Dass die Nohab-Lokomotiven eigentlich europäisierte Loks der legendären E/F-Serie von GM-EMD sind, sieht man ihnen deutlich an. Die typische Nasen-Form, die Bullaugenfenster an der Seite und die A1A-Drehgestelle sind prägnante Merkmale der berühmten GM-Diesel. Der zweite Führerstand ist vermutlich der wichtigste Unterschied zu den US-Vorbildern. Als Lokomotiven nordamerikanischer Herkunft arbeiten sie mit dieselelektrischer Leistungsübertragung. Ein am Dieselmotor angeflanschter Gleichstromgenerator erzeugt den Strom für die vier Fahrmotoren der Lok.

Als in Dänemark die Nohabs der staatlichen DSB bereits zur Ausmusterung anstanden, kaufte die deutsche Leasinggesellschaft Eurotrack, eine Vossloh-Tochter, zehn Loks des Typs My. Die Nohabs wurden von Vossloh betreut und vermietet. Man traf sie in den letzten Jahren sowohl vor Bauzügen aber auch bei Güterzugleistungen an. Derzeit finden sich einzelne Importdänen noch in teils bunten Lackierungen bei Strabag Rail, Altmark-Rail und CLR (Cargo Logistik Rail Service) im Einsatz.

Baureihenbezeichnung:	**ex My (DSB)**
Radsatzanordnung:	**(A1A)' (A1A)'**
Anzahl der Motoren:	**1, langsamlaufender 16-Zylinder-Zweitakt-V-Motor von EMD**
V_{max} (km/h):	**105**
Motorleistung (kW):	**835**
Leistungsübertragung:	**hydrodynamisch**
Dienstmasse (t):	**109**
Größte Radsatzfahrmasse (t):	**18,1**
Länge über Puffer (mm):	**18900**
Treibraddurchmesser (mm):	**1040**
Indienststellung:	**1954**

Foto: R. Wirtz

Baureihe V 60 (DB)

Drei Fahrzeugfamilien haben die Dieselloks der Deutschen Bundesbahn über Jahrzehnte bis heute entscheidend geprägt: V 100, V 160 und die Rangierloks der V-60-Familie. Der Erfolg dieser drei Baureihen manifestiert sich in den erreichten Stückzahlen und der Einsatzdauer, die inklusive Modernisierung bei manchen Fahrzeugen seit mehr als 40 Jahren andauert.

Die Verantwortlichen der jungen Bundesbahn erkannten frühzeitig, dass der zukünftige Rangierbetrieb mit Dampfloks nicht mehr wirtschaftlich zu betreiben wäre. Zwei-Mann-Bedienung und das typische Einsatzprofil im Rangierdienst mit teilweise langen Standzeiten sprachen eindeutig für die Ablösung der Dampfloks. Zudem stammten die Dampfloks, die in den 1950er-Jahren beim Rangieren zum Einsatz kamen, häufig noch aus Länderbahnzeiten und verdienten dort ihr Gnadenbrot. Es wurde eine »Arbeitsgemeinschaft V 60« ins Leben gerufen, in der neben dem BZA München alle bedeutenden Diesellokproduzenten der BRD vertreten waren: Gmeinder, Henschel, Arnold Jung, KHD, Krauss-Maffei, Krupp, Maschinenfabrik Esslingen und MaK. Ziel war eine Lok für den leichten und mittelschweren Rangierdienst, die jedoch auch für die Beförderung leichter Güterzüge auf Haupt- und Nebenbahnen geeignet sein sollte. Die einmännige Bedienung wurde ebenso gefordert. Am Ende sollten insgesamt 940 Maschinen dieser Familie gebaut werden, die noch heute in vielen Bahnhöfen präsent ist und die auch einen beachtenswerten Exporterfolg erzielte.

Die Grundkonzeption erinnerte noch ein wenig an die erfolgreiche und bewährte Vorkriegs-Baureihe V 36, Antrieb dreier Kuppelradsätze mittels Blindwelle und Kuppelstange, obwohl bereits mehrere Lokomotiven mit Gelenkwellenantrieb und Radsatzgetriebe (V 80, V 200) erfolgreich fuhren. Für die einmännige Bedienung wurde Wert auf einen hoch liegenden Mittelführerstand gelegt. Die Vorbauten waren schmal genug, um dem Lokführer die Sicht auf die Puffer zu ermöglichen. Die Schallisolation sollte so gut sein, dass der Lokführer alle akustischen Rangiersignale problemlos wahrnehmen kann. Eine feinfühlige Steuerung ist für den Rangierbetrieb ebenso erforderlich wie gute Kurvengängigkeit. Im Anforderungsprofil der neuen Rangierlok wurde ein kleinster befahrbarer Radius von 100 Metern und eine kleinste befahrbare Abrundung am Ablaufberg von 200 Metern gefordert. Für den Fall schwerere Züge umsetzen zu müssen, sollten die Lokomotiven doppeltraktionsfähig sein. Vorwärmanlagen dienten der schnellen Verfügbarkeit auch bei tiefen Temperaturen; Rangierertritte und -bühnen ermöglichten die Mitfahrt des Personals. Wie für alle damals konzipierten Lokomotiven galten auch bei der V 60 die Prinzipien der Wartungsfreundlichkeit und der Austauschbarkeit von Bauteilen.

Der Motor fand Platz unter dem längeren Vorbau, während der kürzere der Aufnahme des Kraftstoff- und des Hauptluftbehälters diente. Die Leistungsübertragung gewährte ein hydrodynamisches Voith-Getriebe des Typs L37zUB.

Foto: S. Alkofer

Von der schwereren der beiden V-60-Varianten wurden neun Voraus- und Erprobungslokomotiven sowie 310 Serienfahrzeuge beschafft. 1987 mutierten sie zu Kleinlokomotiven in der neuen Baureihe 361. Diese Umwidmung hatte praktische und wirtschaftliche Gründe und beruhte auch auf der einfachen Bedienung und großen Zuverlässigkeit dieser Type: Als Kleinlokomotiven dürfen die Fahrzeuge der neuen Baureihen 360/361 von so genannten Lok-rangierführern bedient werden. Das spart Personalkosten.

Durch die Ausrüstung vieler Lokomotiven mit Funkfernsteuerung Ende der 1980er- und Anfang der 1990er-Jahre wurde aus der Baureihe 361 die Baureihe 365. Der Einbau von Caterpillar-Dieselmotoren mit 480 kW Leistung in die funkferngesteuerten V 60er ab 1998 machte die 365 zur 363. Noch immer sind die verkehrsroten Lokomotiven der ehemaligen Baureihe V 60 bei der DB im Einsatz, einige bereits seit mehr als einem halben Jahrhundert. Viele von ihnen hat es aber auch inzwischen zu privaten EVU verschlagen, wo sie ihre Arbeit in unterschiedlichsten Outfits verrichten.

Von Anfang an hatte die DB geplant, die V 60-Familie in zwei Bauserien zu beschaffen. Eine etwas leichtere Lok mit einem Gewicht von 48,3 Tonnen bei vollen Vorräten und – sie wurde bereits oben beschrieben – eine etwas schwerere Ausführung mit einem erhöhten Reibungsgewicht von 54 Tonnen für das Umsetzen schwererer Züge. Im Übrigen sind die beiden V-60-Varianten identisch. Erreicht hatte man diese Gewichtszunahme indem man die Rahmenbleche deutlich verstärkte.

Die Serienproduktion begann 1956 und dauerte sechs Jahre. Während dieser Zeit wurden 605 Loks hergestellt. In den vier Vorauslokomotiven der Jahre 1955/56 wurden zwar noch Motoren verschiedener Hersteller eingebaut, die Serienlieferung erhielt jedoch ausschließlich einen Zwölfzylinder von Maybach, später MTU. Trotzdem folgten nochmals 16 Erprobungslokomotiven, die zwischen 1957 und 1962 zur DB kamen und in denen andere Motoren getestet wurden. 1968 wurden die Loks zur Baureihe 260 umgezeichnet und 1987 als Kleinlokomotiven der Baureihe 360 eingruppiert. Bis zur Umzeichnung im Jahr 1968 waren die unterschiedlich schweren V-60-Maschinen an ihren Nummern kaum zu unterscheiden.

Die Ausrüstung zahlreicher Loks mit einer Funkfernsteuerung Ende der 1980er- und Anfang der 1990er-Jahre machte aus der Baureihe 360 die neue Baureihe 364. Der Einbau von Caterpillar-Dieselmotoren mit 480 kW Leistung in die funkferngesteuerten V 60er ließ ab 1998 aus der Baureihe 364 die 362 entstehen. Bis heute setzte die DB AG die verkehrsroten Loks ein, von denen einige bereits mehr als ein halbes Jahrhundert alt sind. Auch private EVU setzen die Loks in abwechslungsreichen Farbkleidern ein.

Baureihenbezeichnung:	**BR 261/361 (DB)**	**BR 260/360 (DB)**
Radsatzanordnung:	**C**	**C**
Anzahl der Motoren:	**1, Sechszylinder-Viertakt-Dieselmotor von MTU**	**1, Zwölfzylinder-Viertakt-Dieselmotor von MTU**
V_{max} (km/h):	**60**	**60**
Motorleistung (kW):	**480**	**480**
Motordrehzahl (Umin^{-1}):	**1400**	**1400**
Leistungsübertragung:	**hydrodynamisch, Voith L 37 zUb und L 27 zUb**	**hydrodynamisch, Voith L 37 zUb und L 27 zUb**
Dienstmasse (t):	**54**	**48,3**
Größte Radsatzfahrmasse (t):	**18**	**16,1**
Länge über Puffer (mm):	**10450**	**10450**
Treibraddurchmesser (mm):	**1250**	**1250**
Indienststellung:	**1955**	**1956**
Stückzahl:	**319**	**621**

Foto: O. Blaschke, Sammlung J. Krantz

Baureihe V 45

Die französischen Wurzeln kann die Baureihe V 45 optisch nicht verleugnen. Ihre Anschaffung hängt unmittelbar mit dem Sonderstatus des Saarlandes nach dem Zweiten Weltkrieg zusammen. Bis zur Vereinigung mit der BRD im Jahr 1957 stand das kleine Saarland unter französischer Verwaltung und auch das Eisenbahnwesen war eigenständig. Als dort für Rangieraufgaben Dieselloks benötigt wurden, beschafften die Eisenbahnen des Saarlandes zehn Lokomotiven in der elsässischen Nachbarschaft bei der Société Alsacienne de Construcions Mechaniques (SACM), die auch ähnliche Fahrzeuge an die französische Staatsbahn SNCF lieferte.

1956 gelangten die Loks als V 45 001 bis 010 aus Graffenstaden südlich von Straßburg nach Saarbrücken. Ein Saurer-Motor mit knapp 300 kW und hydrodynamischem Voith-Getriebe sorgten für das Fortkommen der Lok.

Nach der Eingliederung des Saarlandes in die BRD war die DB über die neue Splittergattung nicht glücklich und wollte sie eigentlich veräußern. Als das scheiterte, wurden die Fahrzeuge bei der DB zu Werkloks umfunktioniert und überwiegend nordrhein-westfälischen Ausbesserungswerken zugeteilt. Dennoch blieben sie bis zu weiteren 23 Jahren im Bestand und wurden 1968 zur Baureihe 245 umgezeichnet. Die beiden letzten Maschinen wurden erst 1980 ausgemustert. Gleich zwei Lokomotiven dieser Splittergattung sind erhalten geblieben: V 45 009 (VMN) steht als Leihgabe im DDM Neuenmarkt-Wirsberg und V 45 010 wurde im ehemaligen Aw Paderborn zum Denkmal, verschwand aber Ende der 90er Jahre. Ihr Verbleib ist unklar.

Baureihenbezeichnung:	**BR 245 DB**
Radsatzanordnung:	**B**
Anzahl der Motoren:	**1, Zwölfzylinder-V-Dieselmotor von Saurer**
V_{max} (km/h):	**50**
Motorleistung (kW):	**294**
Leistungsübertragung:	**hydrodynamisch, Voith L 24**
Dienstmasse (t):	**33,5**
Größte Radsatzfahrmasse (t):	**16,5**
Länge über Puffer (mm):	**9360**
Treibraddurchmesser (mm):	**1050**
Indienststellung:	**1956**
Stückzahl:	**10**
Bemerkungen: V 45 009 (VMN) steht als Leihgabe im DDM Neuenmarkt-Wirsberg	

Foto: H. Schiestl

Baureihe V 65 (DB)

Äußerlich wirkte die V 65 ein wenig wie eine vierachsige V 60. Sie wurde jedoch aus der Lokomotivbaureihe 600D aus dem ersten Typenprogramm von MaK abgeleitet. Während die in großer Stückzahl beschaffte Bundesbahn-Baureihe V 60 nur für den Rangier- und leichten Übergabedienst vorgesehen war, visierte MaK mit der vierachsigen 600D und dem aus ihr entstandenen Bundesbahnableger V 65 vor allem Privat- und Werksbahnen sowie den Exportmarkt an. Für ein vielseitigeres Einsatzspektrum baute man in dieser Baureihe deshalb zusätzlich eine Dampfzugheizanlage ein und ermöglichte so den Einsatz vor Personenzügen.

Trotz des Antriebs mittels Blindwelle und Kuppelstangen war die V 65 sehr wendig und in der Lage, sehr enge Kurvenradien zu durchfahren. Dies verdankte die Lok so genannten Beugniot-Hebeln, die jeweils zwischen der ersten und zweiten sowie zwischen der dritten und vierten Kuppelachse eingebaut waren.

Die Bundesbahn bestellte 15 Lokomotiven dieser Baureihe in Kiel. Anfangs setzte die DB die Maschinen in Hessen beim Bw Marburg ein. Später lösten Loks der Baureihe V 100 die V 65 dort ab. Mitte der 1960er-Jahre gelangten alle 15 Stück nach Norddeutschland. In Puttgarden, Lübeck und Hamburg-Altona versahen sie bis 1980 ihren Dienst.

Baureihenbezeichnung:	**BR 265 (DB)**
Radsatzanordnung:	**D**
Anzahl der Motoren:	**1, langsamlaufender Sechs-Zylinder-Reihenmotor von MaK**
V_{max} (km/h):	**80**
Motorleistung (kW):	**480**
Motordrehzahl (Umin^{-1}):	**750**
Leistungsübertragung:	**hydrodynamisch, Voith L 37 zUb**
Dienstmasse (t):	**54**
Größte Radsatzfahrmasse (t):	**13,5**
Länge über Puffer (mm):	**10740**
Treibraddurchmesser (mm):	**1250**
Indienststellung:	**1956**
Stückzahl:	**15**
Bemerkungen: V 65 001 gehört den Osnabrücker Dampflokfreunden; 265 011 bei der DGEG	

Foto: D. Hruza

Baureihe V 300 001 (DB)

Das Entstehen dieser Lokomotive geht zurück auf einen Auftrag des jugoslawischen Staatschefs Marschall Tito aus dem Jahr 1957. Dieser benötigte für seinen Regierungszug neue Dieselloks. Krauss-Maffei erhielt den Auftrag und entwarf eine Diesellok, die auf der V 200 basierte. Wegen der geforderten reduzierten Achslast wählte man für die aufgrund ihrer Motorleistung von 2200 PS (1620 kW) als ML 2200 C'C' bezeichnete Lok eine sechsachsige Bauform. Zur Aufnahme der längeren, dreiachsigen Drehgestelle musste der Lokkasten um knapp zwei Meter verlängert werden. Drei Fahrzeuge fanden den Weg auf den Balkan, eine vierte Maschine baute Krauss-Maffei auf eigene Kosten, die Demonstrationszwecken diente.

Nach Testfahrten im Schwarzwald und auf dem Semmering baute man in die Lok zwei stärkere Motoren (3000 PS) ein und wiederholte die Testfahrten, die überzeugende Ergebnisse lieferten. Die nun von Krauss-Maffei als ML 3000 C'C' präsentierte Lok kaufte die Bundesbahn im Jahr 1963 und nannte sie V 300. Bei Versuchsfahrten kam die V 300 in der gesamten Bundesrepublik zum Einsatz. Trotz guter Testergebnisse bestellte die DB keine weiteren Loks. Ab 1968 erhielt der Einzelgänger die neue Loknummer 230 001. Im Jahr 1975 wurde die V 300 ausgemustert und fünf Jahre später, nachdem ein Verkauf nach Italien gescheitert war, verschrottet.

Baureihenbezeichnung::	**BR 230 (DB)**
Radsatzanordnung:	**C'C'**
Anzahl der Motoren:	**2, Zwölfzylinder-V-Dieselmotor von MTU**
V_{max} (km/h):	**140**
Motorleistung (kW):	**1100**
Motordrehzahl (Umin^{-1}):	**1500**
Leistungsübertragung:	**Maybach-Mekydro K 184 U (hydromechanisch)**
Dienstmasse (t):	**103**
Größte Radsatzfahrmasse (t):	**17,2**
Länge über Puffer (mm):	**20270**
Treibraddurchmesser (mm):	**950**
Indienststellung:	**1957**
Stückzahl:	**1**
Bemerkungen: verschrottet	

Foto: A. Kiebler

Baureihe V 100^{10}

Als fleißiges Lieschen für alle Aufgaben auf Nebenbahnen und als Ersatz der in die Jahre gekommenen Dampfloks wie der P 8 und dem Bubikopf (BR 64) plante die Bundesbahn in ihrem überarbeiteten Beschaffungsprogramm der 50er-Jahre eine Lokomotive, die ein geringes Gewicht und eine Leistung von etwa 800 kW haben sollte. Man ging von einem Bedarf von über 500 Stück aus. Die V 80, die zu diesem Zeitpunkt schon fuhr, eignete sich dafür nicht, auch nicht als in diese Type stärkere Motoren eingebaut wurden. Zwar waren die Erfahrungen mit der V 80 durchaus positiv, dennoch gab es konstruktive Mängel, die eine Serienfertigung nicht ratsam machten.

MaK in Kiel und das BZA München machten sich 1956 an die Konzeption der neuen Lokomotive. Zwei Jahre später konnte die DB die ersten sechs Vorauslokomotiven in Empfang nehmen. Die Auslegung mit einem Mittelführerstand hatte man von der V 80 übernommen. Für eine bessere Sicht vor allem auch auf die Pufferbohle reichten die beiden unterschiedlich langen Vorbauten nicht über die gesamte Lokbreite. Als Motoren standen unterschiedliche Zwölfzylinder von Maybach, Daimler-Benz und MAN mit einer Leistung von etwa 800 kW zur Verfügung. Zum ersten Mal kam das neue Drei-Gang-Turbogetriebe L 216 rs (Wandler-Wandler-Kupplung) von Voith zum Einsatz. Das Getriebe stellte eine bedeutende Weiterentwicklung dar: Alle drei Kreisläufe besitzen eine gemeinsame Turbinen- und Pumpenwelle. Dadurch konnten mechanischer und hydraulischer Getriebeteil eindeutig getrennt werden, die Konstruktion wurde deutlich vereinfacht.

Ein Prinzip, das sich durchsetzte. Außerdem gelang es bei der V 100 erstmals, eine robuste und zuverlässige Konstruktion für die Koppelung von vier Radsätzen mittels Gelenkwellen zu entwerfen. Im längeren Vorbau ist die Maschinenanlage untergebracht, im kürzeren fand die Hagenuk-Dampf-Zugheizung Platz.
Zwischen 1961 und 1962 gelangten 36 Erprobungslokomotiven zur Bundesbahn. Ab 1962 begann die Serienlieferung von 322 Lokomotiven. Am Serienbau waren neben MaK auch Henschel, Arnold Jung, KHD, Krauss-Maffei, Krupp und die Maschinenfabrik Esslingen beteiligt. Ab 1968 wurde die Baureihe V 100 zur BR 211. Die 211 beendete den Einsatz von Dampfloks auch auf Nebenbahnen endgültig. Inzwischen sind alle 211 bei der DB AG selbst ausgemustert. Viele von ihnen fanden ein Gnadenbrot bei Privatbahnen und im europäischen Ausland, bekanntestes Beispiel sind die 14 Loks, die die ÖBB kauften und bis 2003 als Reihe 2048 führten.

Baureihenbezeichnung:	**BR 211 (DB)**
Radsatzanordnung:	**B'B'**
Anzahl der Motoren:	**1, ursprünglich verschiedene Zwölfzylinder-Dieselmotoren von MAN, Maybach und Mercedes-Benz, später MTU-Motoren**
V_{max} (km/h):	**100**
Motorleistung (kW):	**810**
Motordrehzahl (Umin^{-1}):	**1500***
Leistungsübertragung:	**hydrodynamisch, Voith L 216 rs**
Dienstmasse (t):	**64**
Größte Radsatzfahrmasse (t):	**16**
Länge über Puffer (mm):	**12100**
Treibraddurchmesser (mm):	**950**
Indienststellung:	**1958**
Stückzahl:	**364 (inklusive sechs Vorauslokomotiven und 36 Erprobungslokomotiven)**
Bemerkungen: bei der DB AG ausgemustert; viele Exemplare, teilweise in umgebauter Form bei Privatbahnen im Einsatz * MTU MD 12 V 538 TA	

Foto: F. Seraphin

Foto: F. Seraphin

Familie Köf III (DB)

Die Leistung der Lokomotiven der so genannten Leistungsgruppen I und II war bei vielen Gelegenheiten nicht ausreichend. Da aber häufig der Einsatz einer größeren Rangierlok wie etwa einer V 60 nicht erforderlich war, entschied sich die Bundesbahn Mitte der 1950er-Jahre eine neue Lok für den leichten Rangier-, Übergabe- und Arbeitszugdienst zu beschaffen. Es entstand die neue Leistungsgruppe III, die die Firma Gmeinder mit dem BZA entwickelte.

Äußerlich sahen sie noch ein wenig wie vergrößerte Köf I und II aus und der Führerstand war auch ähnlich aufgebaut mit seitlichen Handrädern zur Steuerung der Lok am in der Mitte eingebauten Steuerpult. Von Anfang an erhielten die Maschinen ein vollständig geschlossenes und beheiztes Führerhaus. Es entstanden ab 1959 acht Vorauslokomotiven. Drei Loks erreichten eine Höchstgeschwindigkeit von 30 km/h und hießen Köf 10 001 bis 10 003, fünf waren für eine Geschwindigkeit von 45 km/h ausgelegt und hießen Köf 11 001 bis 005. Der Motor trieb ein hydrodynamisches Getriebe L 213 U von Voith an. Vom Getriebe wurde die Leistung mittels Rollenketten auf beide Radsätze übertragen. Von der Baureihe Köf 11 wurden anschließend bis 1966 insgesamt 317 Stück gebaut. Ab 1968 wurden die Fahrzeuge zur Baureihe 332 umgezeichnet.

Im Jahr 1965 baute Gmeinder eine Weiterentwicklung, bei der hauptsächlich der Rollenketten- durch einen Gelenkwellenantrieb ersetzt wurde. Die ab 1968 beschafften Kleinloks der

Leistungsgruppe III waren alle mit dem neuen Antrieb ausgestattet. Die Bundesbahn bezeichnete sie als Baureihe 333. Ab 1973 änderte sich die Kühlerform. Daran sind die späten Lokomotiven der Baureihe 333 deutlich zu erkennen: Das Lüfterrad liegt weitgehend frei und ist lediglich durch ein feines Gitter abgedeckt.

Am Ende der Beschaffung besaß die DB 571 Exemplare der Köf III. Am Serienbau waren neben Gmeinder auch die Firmen Arnold Jung sowie Orenstein & Koppel beteiligt. Anfang der 1980er-Jahre hob man durch einen Umbau des Getriebes die Höchstgeschwindigkeit der 331 001–003 auf 45 km/h an. Die Maschinen der Baureihe 332 schieden bis 2002 vollständig aus. 220 Exemplare der Baureihe 333 erhielten zwischen 1984 und 1995 eine Funkfernsteuerung und eine halbautomatische Rangierkupplung; man zeichnete sie in Baureihe 335 um.

2001 wurde bei einigen 335 die Funkfernsteuerung wieder stillgelegt. Sie erhielten ihre alte Baureihenbezeichnung 333 zurück. Die Ordnungsnummern wurden zur Unterscheidung um 500 erhöht (333.5–7). Derzeit sind nur noch wenige Exemplare der Baureihe 333/335 im Einsatz.

Baureihenbezeichnung::	**BR 331/332/333/335 (DB)**
Radsatzanordnung:	**B**
Anzahl der Motoren:	**1, Acht-Zylinder-Reihendieselmotor Typ RHS 518 A von MWM**
V_{max} (km/h):	**30/45**
Motorleistung (kW):	**177**
Motordrehzahl (Umin^{-1}):	**1600**
Leistungsübertragung:	**hydrodynamisch, Voith L 33y UB oder L 213 U**
Dienstmasse (t):	**22**
Größte Radsatzfahrmasse (t):	**11**
Länge über Puffer (mm):	**7830**
Treibraddurchmesser (mm):	**950**
Indienststellung:	**ab 1959**
Stückzahl:	**421**
Bemerkungen: abnehmender Bestand	

Foto: F. Seraphin

Foto: D. Endisch

Baureihe V 15$^{10\text{-}23}$ (DR)

Um den gestiegenen Anforderungen im Rangierverkehr auf Unterwegsbahnhöfen gerecht zu werden, benötigte die DR ab den 1950er-Jahren neue Rangierloks, die stärker als die verbreiteten Loks der Leistungsklasse II waren. Der Motor sollte eine Leistung bis 130 kW haben und zur Kraftübertragung ein hydrodynamisches Getriebe verwendet werden. Der Unterhaltungsaufwand musste möglichst gering und die Lok unkompliziert zu bedienen sein.

Der VEB Lokomotivbau aus Babelsberg lieferte 1958 den Prototypen V 15 101. Der Serienbau begann ein Jahr später mit einer Null- und einer Kleinserie. Die Baureihe V 1510 hatte einen 110-kW-Motor, beide Achsen wurden über Blindwelle und Kuppelstange angetrieben.

Ab der zwanzigsten gebauten Lok konnte die Motorleistung auf 132 kW gesteigert, und die Fahrzeuge als Unterbaureihe V 1520-21 eingereiht werden. Die wiederum verbesserten Loks, die ab 1963 in Serie gingen, erhielten die Bezeichnung V 1522-23. Ab 1970 führte die DR ihre kleinen Rangierloks als Baureihe 1010, und 1011-3. Die Zweiachser bewährten sich im Alltag gut, waren jedoch etwas schwach auf der Brust. Deshalb ließ die DR viele ab 1975 in Halle mit neuen 162-kW-Motoren und neuen Getrieben ausrüsten. Die umgebauten Fahrzeuge erhielten die Baureihenbezeichnung 1015 bis 1017.

Baureihenbezeichnung:	**Baureihe 101.0 bis 101.7(DR)**
Radsatzanordnung:	**B**
Anzahl der Motoren:	**1, Sechszylinder-Viertakt-Reihendieselmotor**
V_{max} (km/h):	**32 bis 42**
Motorleistung (kW):	**110 bis 162**
Motordrehzahl (Umin^{-1}):	**1500 bis 1510**
Leistungsübertragung:	**dieselhydraulisch, GSR 12/3,7 und GSU 20/4,2**
Dienstmasse (t):	**20 bis 21,5**
Größte Radsatzfahrmasse (t):	**10 bis 10,7**
Länge über Puffer (mm):	**6940**
Treibraddurchmesser (mm):	**900 bis 1000**
Indienststellung:	**ab 1959**
Stückzahl:	**?**

Foto: R. Wirtz

DG 1000/1100/1200 B'B'M (KHD)

Bis zur Aufgabe des Lokomotivgeschäfts im Jahr 1969 spielte Klöckner-Humboldt-Deutz eine gewichtige Rolle im deutschen Diesellokomotivbau. Im Jahr 1956 stellten die Kölner eine vierachsige Drehgestelllokomotive mit Gelenkwellenantrieb und zwei Antriebsanlagen vor. Die DG 2000 B'B'M wurde fünfmal gebaut bis KHD das Fahrzeug quasi halbierte. 1959 lieferten die Kölner die DG 1000 B'B'M mit nur einer Antriebsanlage an die bayerische Braunkohleindustrie in Schwandorf.

Die DG 1000 B'B'M hatte den gleichen 735 kW Motor und auch das gleiche hydrodynamische Voith-Getriebe L 306 r und war ebenfalls mit einem Mittelführerstand ausgestattet. Später folgte noch die stärkere DB 1200 B'B'M mit einer um 150 kW gesteigerten Motorleistung. KHD bot damit erstmals Drehgestelllokomotiven nach einem Baukastenprinzip an, bei dem sich der Kunde ein für ihn geeignetes Fahrzeug aussuchen konnte.

Die Deutz-Maschinen waren außerordentlich robust und sind deshalb zum Teil noch heute im Einsatz. Großkunden für die Kölner waren unter anderen die WLE, die sowohl DG 1000, 1200 und 2000 besitzt, und die Ruhrkohle AG sowie die ortsansässige HGK, die auch mehrere DG 1200 B'B'M bestellte. Sie ließ ihre Fahrzeuge 1994/1995 bei ABB Henschel in Kassel modernisieren. Dabei erhielten die über 30 Jahre alten Loks neue schnelllaufende Caterpillar-Motoren mit einer Leistung von 808 kW. Diese Loks gehören mittlerweile nicht mehr zum Betriebspark, denn sie wurden 2004 ins Ausland verkauft.

Baureihenbezeichnung:	**DG 1000/1200 B'B'M**
Radsatzanordnung:	**B'B'**
Anzahl der Motoren:	**1, Zwölfzylinder-Dieselmotor von Deutz**
V_{max} (km/h):	**70**
Motorleistung (kW):	**735**
Motordrehzahl (Umin^{-1}):	
Leistungsübertragung:	**hydrodynamisch, Voith L 306r**
Dienstmasse (t):	**80**
Größte Radsatzfahrmasse (t):	**20**
Länge über Puffer (mm):	**13300**
Treibraddurchmesser (mm):	**1050**
Indienststellung:	**1959**
Stückzahl:	**40**
*** DG 1000 B'B'M**	

Foto: H. Schiestl

Baureihe V 160⁰

Die einmotorige V 160-Familie stellte den vorläufigen Höhepunkt der DB-Diesellokentwicklung dar. Ursprünglich sollten die Lokomotiven die Leistungslücke zwischen V 100 und V 200 ausfüllen. Das Beschaffungsprogramm der DB sah eine Leistung von 1600 PS und eine Höchstgeschwindigkeit von 120 km/h vor. Am Ende ermöglichte der technische Fortschritt im Motoren- und Getriebebau mit der 2500 PS starken BR 218 auf den Weiterbau der großen V 200.1 zu verzichten, die wegen ihrer Konstruktion mit einer doppelten Antriebsanlage in der Anschaffung zu teuer und im Unterhalt problematisch war.

Um die Baureihe V 160 verwirklichen zu können, mussten ein neuer Motor und ein neues Getriebe eingeführt werden. Die bisherigen Motoren der Baureihen V 80, V 100 und V 200 konnten nicht weiter in ihrer Leistung gesteigert werden. Für die V 160 war ein 16-Zylinder-Motor von Maybach vorgesehen, der bis zur Fertigstellung der ersten Musterlokomotive auf eine Leistung von 1400 kW gesteigert werden konnte. Das Turbogetriebe lieferte wieder Voith. Die Heidenheimer konstruierten für die 120 km/h schnelle Lok das L 218 rs. Der Grundaufbau ähnelte dem L 216 rs der V 100.20, die Konstruktion musste jedoch für eine deutlich höhere Übertragungsleistung ausgelegt werden. Federführend im Bau der Vorserienmaschinen war Krupp.

Baureihenbezeichnung:	BR 216 001 bis 010 (DB)
Radsatzanordnung:	B'B'
Anzahl der Motoren:	1, 16-Zylinder-V-Dieselmotor von Mercedes-Benz oder Maybach
V_{max} (km/h):	120
Motorleistung (kW):	13973
Motordrehzahl (Umin^{-1}):	1500
Leistungsübertragung:	hydrodynamisch, Voith L 821 rs
Dienstmasse (t):	74
Größte Radsatzfahrmasse (t):	18,5
Länge über Puffer (mm):	16000
Treibraddurchmesser (mm):	1000
Indienststellung:	1960
Stückzahl:	10
Bemerkungen: 160 003 im Bestand des VMN	

Im Frühjahr 1961 konnten die Essener die ersten sechs Vorauslokomotiven zur Erprobung an die DB liefern. Bei Henschel verzögerte sich die Ablieferung der vier in Kassel gebauten Vorserienmaschinen bis Ende 1962. Die letzte Erprobungsmaschine V 160 010 wurde gar erst im Frühjahr 1963 fertig gestellt. Personenzüge konnten von einer leistungsfähigen Dampfheizanlage erwärmt werden.
Im Probebetrieb bereiteten die – aufgrund ihrer runden Formen »Lollo« (nach der italienischen Filmschauspielerin Gina Lollobrigida) genannten – V 160 zunächst Probleme, die Gelenkwellen mussten nachträglich noch verstärkt und auch die äußere Form sollte bei den Serienmaschinen noch vereinfacht werden. Durch die Produktionsverzögerung bei Henschel konnte die neue charakteristische Strirnfront, die später das Erscheinungsbild aller Loks aus der V-160-Familie prägte, bereits bei der letzten Vorserienlok verwirklicht werden. Ab 1968 liefen die V 160 als BR 216 bei der DB. Inzwischen sind die zehn Prototypen alle ausgemustert. Zwei Loks kamen nach Italien, eine fuhr zeitweise für die HKB, die TWE und die WEG. 216 002 ist mittlerweile zurück auf deutschen Gleisen. Die in Purpurrot lackierte Maschine ist in Privatbesitz und wird hin und wieder sogar vor regulären Güterzügen eingesetzt.

Foto: By Rob Dammers – Duisburg V 160 002 (Lollo) met aluminiumtrein, CC BY 2.0, https://commons.wikimedia.org/w/index.php?curid=50180003

Foto: F. Köhler, Slg. D. Endisch

Baureihe V 60^{10} (DR)

Im Rangierdienst waren Dampfloks besonders unwirtschaftlich. Das erkannte auch die Reichsbahn. Deshalb enthielt ihr Beschaffungsprogramm eine Rangierlok mit einer Leistung von etwa 440 kW. Das Konzept sah dieselhydraulische Leistungsübertragung vor. Neben dem Rangierdienst sollte die neue Loktype im leichten Übergabedienst und vor Arbeitszügen eingesetzt werden. Weitere Anforderungen betrafen unter anderem eine gute Übersicht für den Lokführer, Befahrbarkeit von Kurvenradien ab 80 Metern, ausreichende Lärmdämmung, um akustische Rangiersignale wahrnehmen zu können, Rangiererbühnen, Rangier- und Streckengang sowie einmännige Bedienung.

Den ersten Prototyp V 60 1001 übergab der VEB Lokomotivbau »Karl Marx« im Jahr 1959. In die Baureihe wurde ein Zwölf-Zylinder-Motor aus Johannisthal eingebaut. Das Strömungsgetriebe vom Typ Wandler-Kupplung-Kupplung war mit einer Blindwelle verbunden, die über eine Kuppelstange vier Treibachsen bewegte. Nach zwei Prototypen folgte eine Vorserie von fünf Lokomotiven, bevor 1962 der Serienbau begann. Innerhalb von drei Jahren konnten der DR 168 Maschinen übergeben werden. 1970 wurden die Loks zur Baureihe 106 und als die Vereinigung von DB und DR anstand wurde die BR 106 zur Baureihe 346 umgezeichnet. Als letzte ihrer Baureihe wurde die ehemalige V 60 1100 Anfang 1997 abgestellt.

Baureihenbezeichnung:	Baureihe 106.0 bis 106.1 (DR), BR 346. 0 bis 1 (DB AG)
Radsatzanordnung:	D
Anzahl der Motoren:	1, Zwölfzylinder-Viertakt-Dieselmotor
V_{max} (km/h):	60
Motorleistung (kW):	478
Motordrehzahl (Umin^{-1}):	41500
Leistungsübertragung:	dieselhydraulisch, GSR 12/5,1
Dienstmasse (t):	55
Größte Radsatzfahrmasse (t):	13,8
Länge über Puffer (mm):	10880
Treibraddurchmesser (mm):	1100
Indienststellung:	1960
Stückzahl:	168

Foto: D. Endisch

Baureihe 060 DA

Rumäniens Staatsbahn CFR benötigte Mitte der 1950er-Jahre dringend leistungsfähige Strecken-Dieselloks für den Güterzugdienst, die keiner der sozialistischen Bruderstaaten liefern konnte. Sie sollten mehrfachtraktionsfähig sein und ihre Achslast 19 Tonnen nicht überschreiten. Ein Kauf im Westen war im Grunde ausgeschlossen, jedoch gab es dort noch eine neutrale Insel: Die Schweiz und ihre leistungsfähige Lokomotivindustrie.

In Winterthur baute die Schweizerische Lokomotiv- und Maschinenfabrik (SLM) gemeinsam mit BBC (elektrische Ausrüstung) und den Gebrüdern Sulzer (Dieselmotor) sechs Prototypen einer sechsachsigen Lok mit dieselelektrischer Leistungsübertragung. Für Rumänien wurde die zuverlässige Schweizer Konstruktion zum Glücksfall. Im Lokomotivwerk »Roter Oktober« in Bukarest entstanden bis 1985 etwa 2300 in Lizenz gefertigte Lokomotiven, die sich auch in mehreren Ostblockstaaten wie Polen und Bulgarien gut verkauften.

Als die Karsdorfer Eisenbahngesellschaft (KEG) Ende der 1990er-Jahre in den Mineralölverkehr einstieg, benötigte sie zugkräftige Güterzuglokomotiven und importierte deshalb ihre ersten Rumänendiesel. Diese konnte sie zwar sehr günstig erwerben, musste jedoch noch die deutsche Zulassung für die Fahrzeuge beantragen. Nach der Insolvenz der KEG im Jahr 2004 wurden die Loks größtenteils nach Polen verkauft.

Baureihenbezeichnung:	**060 DA**
Radsatzanordnung:	**Co'Co'**
Anzahl der Motoren:	**1, Zwölfzylinder-Viertakt-Zweireihen-Motor von Sulzer**
V_{max} (km/h):	**100**
Motorleistung (kW):	**1540**
Leistungsübertragung:	**dieselelektrisch**
Dienstmasse (t):	**114**
Größte Radsatzfahrmasse (t):	**19**
Länge über Puffer (mm):	**17000**
Treibraddurchmesser (mm):	**1000**
Indienststellung:	**1960**
Stückzahl:	**Etwa 2300 Stück**

Foto: K. Kieper

Baureihe V 36[48]

In den 1950er-Jahren war das Schmalspurnetz der DDR noch weitverzweigt. Der Zugverkehr wurde beinahe ausschließlich von Dampfloks, teilweise aus Länderbahnzeit abgewickelt. Auf absehbare Zeit würde die DR diese ersetzen müssen. Die Reichsbahn ermittelte einen Bedarf von über 100 neuen Dieselloks, wenn die Schmalspurstrecken in ihrer damaligen Dichte weiter betrieben werden sollten, und beauftragte 1956 den VEB Lokomotivbau »Karl Marx« mit der Entwicklung einer Diesellokomotive für alle anfallenden Transportleistungen, d.h. sie sollte auch über Einrichtungen zur Zugheizung und -beleuchtung verfügen. Um die Entwicklungs- und Unterhaltskosten nicht in die Höhe zu treiben, sollten möglichst viele Bauteile aus dem Bestand der DR verwendet werden. Die verwendeten Motoren wurden gerade auch in der Baureihe V 15 eingebaut.

Zwar war die Zugkraft der beiden als V 36 4801 und V 36 4802 in den Jahren 1961 und 1962 in Dienst gestellten Loks überzeugend, jedoch die übrigen Werte ließen die Lok zu einer Fehlentwicklung werden. Vor allem geriet sie zu schwer. Die Achslast von ungefähr zehn Tonnen erlaubte keinen universellen Einsatz auf den DR-Schmalspurbahnen. Zuverlässigkeit und Wartungsfreundlichkeit mehrerer Baugruppen waren nicht zufriedenstellend. Die Reichsbahn gab deshalb bereits Ende 1962 das Experiment V 3648 auf.

Baureihenbezeichnung:	**V 3648**
Radsatzanordnung:	**B'B'**
Anzahl der Motoren:	**2, Sechszylinder-Reihendieselmotor**
V_{max} (km/h):	**30**
Motorleistung (kW):	**132**
Motordrehzahl ($Umin^{-1}$):	**1500**
Leistungsübertragung:	**Dieselhydraulisch, GSR 12/3,7**
Dienstmasse (t):	**41,2**
Größte Radsatzfahrmasse (t):	**10,3**
Länge über Puffer (mm):	**12100**
Treibraddurchmesser (mm):	**800**
Indienststellung:	**1961**
Stückzahl:	**2**

Foto: S. Alkofer

Baureihe V 100^{20} (DB)

Bereits die sechste Vorauslokomotive V 100 006 aus dem Jahr 1959, die spätere V 100 2001, erhielt versuchsweise einen neuen stärkeren MTU-Motor mit einer Leistung von 990 kW. Das Friedrichshafener Aggregat war für den Einsatz in der Baureihe V 2001 vorgesehen und somit im Unterhaltungsbestand der Bundesbahn.

Die Einbaumaße dieses Motors stellten die Konstrukteure vor kein Problem. Diese Leistungssteigerung wurde für den Einsatz auf Hauptbahnen und steigungsreicheren Strecken benötigt. Im Übrigen blieben die Loks im Vergleich zur Ursprungs-V 100 jedoch nahezu unverändert.

Die Bundesbahn bezeichnete die Loks als V 100^{20}. Verschiedene Hersteller bauten zwischen 1962 und 1966 insgesamt 369 Serienlokomotiven. Ab 1968 wurden die Lokomotiven als Baureihen BR 212 eingereiht. Inzwischen hat sich bei der DB AG die gesamte V 100-Familie weitestgehend verabschiedet. Viele der sehr zuverlässigen Loks wurden dankend von Privatbahnen übernommen. Nachdem viele von ihnen unter anderem in Stendal modernisiert wurden fahren sie heutzutage im Güter- oder Bauzugverkehr. Zwischenzeitlich wurden 14 Exemplare der Baureihe 212 von DB Fahrwegdienste reaktiviert, um vor Bauzügen in ganz Deutschland eingesetzt zu werden. Im Sommer 2022 war davon noch 212 097 aktiv.

Baureihenbezeichnung:	BR 212 (DB)
Radsatzanordnung:	B'B'
Anzahl der Motoren:	1, ursprünglich verschiedene Zwölfzylinder-Dieselmotoren von MAN und Mercedes-Benz, später MTU-Motor
V_{max} (km/h):	100
Motorleistung (kW):	990
Motordrehzahl ($Umin^{-1}$):	1500*
Leistungsübertragung:	hydrodynamisch, Voith L 216 rs
Dienstmasse (t):	65
Größte Radsatzfahrmasse (t):	16,3
Länge über Puffer (mm):	12300
Treibraddurchmesser (mm):	950
Indienststellung:	1962
Stückzahl:	370 (inklusive einer Vorauslokomotive)

* MTU MB 12 V 652 TZ

Foto: F. Seraphin

Baureihe V 200^1 (DB)

Die steigenden Zuglasten in den 1950er-Jahren machten eine stärkere Lok nötig. Die Bundesbahn forderte eine Lokomotive auf Basis der V 200.0, die möglichst unverändert aber leistungsfähiger sein sollte. Bei schweren Reisezügen mit mehr als zehn vierachsigen Wagen und Anhängelasten über 600 Tonnen kamen nicht nur die Motoren an ihr Limit, auch der in der V 200.0 eingebaute Heizkessel und das Voith-Getriebe L/T 306 r erreichten ihre Grenzen.

Der Entwicklungsauftrag ging erneut an die Münchner Firma Krauss-Maffei. Zum Einbau kamen zwei MTU-Motoren, die knapp 1000 kW lieferten. Das entsprach einer Leistungssteigerung von mehr als 20 Prozent zur V 200.0. Voith lieferte das passende Getriebe L 306 rb. Die neuen Motoren, Getriebe und Kühlanlagen erforderten jedoch etwas mehr Platz und so kam es zu einer Veränderung der äußeren Form. Die Stirnfronten wurden steiler. Das größere Gewicht der neuen Anlagen konnten die Ingenieure durch verstärkte Leichtbauweise etwa bei den Vorratsbehältern und den Einbau einer zwar leistungsfähigeren, jedoch auch leichteren Zugheizanlage auffangen. 50 Loks baute Krauss-Maffei von der neuen Baureihe V 200.1, die ab 1968 BR 221 hieß, zwischen 1962 und 1965. Die zügig fortschreitende Elektrifizierung und die Einführung der wirtschaftlicheren weil einmotorigen V 160-Familie, machten keine höheren Stückzahlen erforderlich. 1988 kam das Ende der BR 221 bei der Bundesbahn, die einen Teil der Maschinen ins Ausland (Griechenland, Italien, Albanien) verkaufte. Doch dabei blieb es nicht. So holte die Prignitzer Eisenbahn GmbH 2002 alle 20 Loks aus Griechenland wieder zurück, überholte einige Exemplare und verkaufte sie an verschiedene Privatbahnen. Die übrigen Maschinen dienten als Ersatzteilspender und wurden 2012 verschrottet. Zu den Rückkehrern aus Griechenland kommen noch Loks aus Italien sowie die wenigen in Deutschland verbliebenen Exemplare.

Baureihenbezeichnung :	BR 221 (DB)
Radsatzanordnung:	B'B'
Anzahl der Motoren:	2, Zwölfzylinder-V-Dieselmotor von MTU
V_{max} (km/h):	140
Motorleistung (kW):	993
Motordrehzahl ($Umin^{-1}$):	1500
Leistungsübertragung:	Maybach-Mekydro K 184 U (hydromechanisch)
Dienstmasse (t):	81
Größte Radsatzfahrmasse (t):	20,25
Länge über Puffer (mm):	18440
Treibraddurchmesser (mm):	950
Indienststellung:	1962
Stückzahl:	50
Bemerkungen: mehrere Exemplare bei verschiedenen Privatbahnen im Einsatz	

Foto: F. Seraphin

Foto: H. Schiestl

Baureihe V 320 001 (DB)

Mit dem Bau der V 320 zielte Henschel auf den Markt für den schweren Zugdienst auf nichtelektrifizierten Hauptstrecken. Das damalige Diesellokbeschaffungsprogramm der DB sah ein solches Fahrzeug nicht vor. Gemeinsam mit dem BZA München konstruierten die Kasselaner eine Lok, die quasi einer verdoppelten V 160 entsprach. Möglichst viele Bauteile sollten zugunsten einer verbesserten Wirtschaftlichkeit mit dieser Baureihe übereinstimmen. Verschiedene Gründe führten dazu, dass die eindrucksvollste Nachkriegsdiesellok ein Einzelgänger blieb: Die Elektrifizierung des westdeutschen Schienennetzes ging zügig voran und neue Lokomotiven wie die Gasturbinenbaureihe 210 und vor allen Dingen die BR 218 waren beim Erscheinen der V 320 bereits in der Planung.

Im Gegensatz zur Vorserien-216, wählte man beim Bau der ab 1968 als BR 232 bezeichneten Diesellok eine kantigere Stirnform, die einfacher herzustellen war. Diese bei der V 320 erstmals vorgestellte Form sollte prägend für die gesamte V-160-Familie werden. Die DB kaufte die Lok zwar nicht, mietete sie jedoch für ein Jahrzehnt zwischen 1964 und 1974 an. Danach wurde sie bei Henschel aufgearbeitet und an die Hersfelder Kreisbahn verkauft. Ab 1989 fuhr sie für die Teutoburger Waldeisenbahn, wurde 1994 nach Italien abgegeben und kam 1999 zur Gleisbaufirma Wiebe nach Deutschland zurück. Ein schwerer Schaden am Fahrwerk beendete Anfang August 2015 den Einsatz der Lok vor dem Fristablauf Mitte 2016. Sie ist seitdem abgestellt.

Baureihenbezeichnung:	**BR 232 (DB)**
Radsatzanordnung:	**C'C'**
Anzahl der Motoren:	**2, 16-Zylinder-V-Dieselmotor von Maybach**
V_{max} (km/h):	**160**
Motorleistung (kW):	**1470**
Motordrehzahl ($Umin^{-1}$):	**1500**
Leistungsübertragung:	**hydrodynamisch, Voith L 218 rV**
Dienstmasse (t):	**121,4**
Größte Radsatzfahrmasse (t):	**20,2**
Länge über Puffer (mm):	**23000**
Treibraddurchmesser (mm):	**1100**
Indienststellung:	**1962**
Stückzahl:	**1**
Bemerkungen: im Besitz der Gleisbaufirma Wiebe	

Foto: D. Endisch

Baureihe V 180^0 bis V 180^1 (DR)

Die Reichsbahn benötigte Anfang der 1960er-Jahre Dieselloks, denn die Ausmusterung der Dampfloks würde auch bei der DR nicht aufzuhalten sein. Für die Maschinen etwa der Baureihen 23^{10}, 50, 52 und 65^{10} müsste auf absehbare Zeit Ersatz beschafft werden. Zu diesem Zeitpunkt bewährte sich auf DB-Gleisen bereits die Baureihe V 200. Sie bewies, dass eine Streckenlokomotive in der 1500-kW-Klasse mit zwei Antriebsanlagen und dieselhydraulischer Leistungsübertragung im gemischten Einsatz vor Güter- und Reisezügen funktionierte.

Der VEB Lokomotivbau »Karl Marx« in Babelsberg konnte 1959 den ersten Prototyp vorstellen, bis 1963 folgten drei weitere. Das Grundkonzept glich dem der DB-Baureihe V 200. Auf eine Kleinserie von fünf Maschinen startete 1963 die Serienproduktion. Anfangs erhielten die Loks zwei 662-kW-Motoren aus Johannisthal, deren Leistung im Lauf der Produktion auf 736 kW gesteigert werden konnte. Die 1324 kW-Fahrzeuge wurden als V 180^0, (ab 1970 118.0) geführt, die stärkeren Loks als Unterbaureihe V 180^1 (118.1 ab 1970).

Insgesamt beschaffte die DR 167 Lokomotiven in beiden Leistungsklassen. Während der V 180-Auslieferung wurden immer wieder Veränderungen eingeführt, manche betrafen eine Verbesserung der Zuverlässigkeit, andere die äußere Form. Vier Loks erhielten besondere Führerstände aus GFK-Kunststoff. Die charakteristische Form mit nach innen gewinkelten Windschutzscheiben erhielt bald den treffenden Spitznamen »Schlägermütze«. Die Form sollte einem besseren Blendschutz dienen, bewährte sich jedoch nicht. Andere äußerlich erkennbare Veränderungen betrafen die Lüfter. Die Maschinen bewährten sich im DR-Regeleinsatz gut, jedoch erkannte man, dass die erste Bauserie etwas zu schwach war und so erhielten die meisten V 180^0 im Rahmen größerer Fristuntersuchungen neue, stärkere Motoren und Getriebe. Anschließend führte sie die DR als neue Unterbaureihe 118^5.

Bei der DB AG wurden die ehemaligen DR-Baureihen in 228^1 und 228^5 umgezeichnet. Die wiedervereinigte Bahn hatte keinen Bedarf mehr an der in die Jahre gekommenen Baureihe mit zwei Antriebsanlagen und so schied die BR 1185 bereits Ende 1993 aus, fand jedoch zahlreiche Abnehmer bei Privatbahnen, von denen heute nur noch die ITL eine Lok als Reserve und für Nostalgiefahrten vorhält. Weitere Loks können in Eisenbahn-Museen besichtigt werden.

Baureihenbezeichnung:	**BR 118.0 bis 1 (DR), 228.0 bis 1 (DB AG)**
Radsatzanordnung:	**B'B'**
Anzahl der Motoren:	**2, Zwölfzylinder-Viertakt-V-Dieselmotoren**
V_{max} (km/h):	**120**
Motorleistung (kW):	**662 bis 736**
Motordrehzahl ($Umin^{-1}$):	**1500**
Leistungsübertragung:	**hydrodynamisch, GSR 30/5,7 VEB Strömungsmaschinen Dresden und Voith L 306 rb**
Dienstmasse (t):	**78**
Größte Radsatzfahrmasse (t):	**19,5**
Länge über Puffer (mm):	**14000**
Treibraddurchmesser (mm):	**1100**
Indienststellung:	**ab 1962**
Stückzahl:	**167**

Foto: J. Frickel

Foto: F. Seraphin

Baureihe V 75 (DR)

Auch wenn die DR insgesamt noch etwas länger auf Dampfloks setzte, war aber auch in der DDR in den 1950er-Jahren abzusehen, dass das Ende der Dampfloks näher rückte. Gerade im Rangierverkehr waren sie besonders unwirtschaftlich. Gleiches galt auch für die ČSSR. Dort entwickelte der Lokhersteller ČKD eine vierachsige Rangierlok mit dieselelektrischer Leistungsübertragung. Die tschechischen Staatsbahnen ČSD erhielten Mitte der 1950er-Jahre die ersten sechs Vorserienlokomotiven. Der langsamlaufende Dieselmotor lieferte 550 kW bei 700 $Umin^{-1}$. Ungewöhnlich war die äußere Form, die stark an die Form früher amerikanischer Dieselloks der GP-Serie erinnerte. 1956/57 wurde die Serienlok abgeliefert, die bei der ČSD als T 435 eingereiht wurde. Das Modell bewährte sich gut im Betriebsdienst. Die DR benötigte Anfang der 1960er-Jahre dringend Ersatz für Dampflokomotiven der BR 80 und griff deshalb auf die erprobte Konstruktion aus der Tschechoslowakei zurück. Man bestellte 20 Lokomotiven, die als V 75 001 bis 020 eingereiht wurden. Alle Maschinen kamen nach Leipzig. Ab 1970 wurde die Type als Baureihe 107 geführt.

Auch wenn die Erfahrungen mit diesem Modell positiv waren, begannen schon nach wenig mehr als zehn Jahren die Ausmusterungen. Neben der DR nutzten auch einige Unternehmen diese Baureihe, u.a. die Karsdorfer Zementwerke. Die Railsystems RP GmbH ließ vor wenigen Jahren die ehemalige V 75 018 wieder betriebsfähig aufarbeiten und setzt sie seitdem im äußerlichen Zustand der Deutschen Reichsbahn als 107 018 ein.

Baureihenbezeichnung:	Baureihe 107 (DR)
Radsatzanordnung:	Bo'Bo'
Anzahl der Motoren:	1, langsamlaufender Sechszylinder-Reihendieselmotor
V_{max} (km/h):	60
Motorleistung (kW):	552
Motordrehzahl ($Umin^{-1}$):	750
Leistungsübertragung:	dieselelektrisch
Dienstmasse (t):	62,6
Größte Radsatzfahrmasse (t):	15,8
Länge über Puffer (mm):	12560
Treibraddurchmesser (mm):	1000
Indienststellung:	1962
Stückzahl:	20

Foto: D. Endisch

Baureihe V 51/V 52 (DB)

Diese Baureihe gleicht auf den ersten Blick einer geschrumpften V 100, das ist aber auch beinahe alles, was die Lok mit der optisch ähnlichen großen normalspurigen Baureihe gemein hat. Der Entwurf dieser Loktype stammte aus Kiel von MaK. Im Gegensatz zur V 100 arbeiten in der Baureihe V 51/52 zwei Motoren nebeneinander im längeren Vorbau, die über zwei so genannte Twin-Disc-Flüssigkeitsgetriebe ihre Kraft auf die Radsätze übertragen. Die beiden aufgeladenen Acht-Zylinder-Reihenmotoren lieferten die Motorenwerke Mannheim.

Wie bei der Baureihe V 29 wurden diese Dieselloks als Ersatz für altersschwache Dampfloks auf einigen damaligen DB-Schmalspurstrecken in Baden-Württemberg entwickelt. Die 750-mm-Variante V 51 war für die drei Strecken Heilbronn – Marbach, für das Öchsle, das zwischen Warthausen und Ochsenhausen rollte, und für die Relation Bad Schussenried – Bad Buchau bestimmt. Die meterspurige Variante kam zwischen Mosbach und Mudau in Baden zum Einsatz. Insgesamt baute Gmeinder 1964 fünf Maschinen in MaK-Lizenz: V 51 901 bis 903 und V 52 901 und 902. 1968 erhielten sie die Baureihenbezeichnungen 251 beziehungsweise 252. Als die DB nach und nach ihre württembergischen Schmalspurstrecken stilllegte wurden vier der fünf Maschinen sukzessive ins Ausland verkauft. Zwei Loks sind aber mittlerweile wieder nach Deutschland zurückgekehrt: V 52 903 befindet sich seit 2009 im Besitz der Öchsle-Bahn AG (derzeit nicht betriebsfähig). V 52 901 (251 901) wird von der Rügenschen Bäderbahn (RüBB) eingesetzt, einem Unternehmen der PRESS, dessen typisches Blau sie mittlerweile trägt.

Baureihenbezeichnung:	**251/252 (DB)**
Radsatzanordnung:	**B'B'**
Spurweite:	**750/1000 mm**
Anzahl der Motoren:	**2, Achtzylinder-Reihenmotoren der Motorenwerke Mannheim**
V_{max} (km/h):	**40**
Motorleistung (kW):	**199**
Motordrehzahl (Umin^{-1}):	**1600**
Leistungsübertragung:	**hydrodynamisch, Twin-Disc-Flüssigkeitsgetriebe**
Dienstmasse (t):	**38,9**
Größte Radsatzfahrmasse (t):	**9,7**
Länge über Puffer (mm):	**9810 (V 51) / 9780 (V 52)**
Treibraddurchmesser (mm):	**850**
Indienststellung:	**1964**
Stückzahl:	**15**
Bemerkungen: Eine Lok bei den RüKB	

Foto: F. Seraphin

Baureihe V 160 (DB)

Im Jahr 1964 begann die Serienlieferung der V 160 (zur Vorserie siehe Seite 48). Die DB nahm der deutschen Fahrzeugindustrie insgesamt 214 Exemplare ab. Am Bau waren Krupp, MaK, Henschel, KHD und Krauss-Maffei beteiligt. Statt des Maybach-Motors MD 870/1B kam ein geringfügig schwererer Daimler-Benz-Motor MB 839 Bb zum Einsatz. Auch das Getriebe wurde nochmals verstärkt und modifiziert. Das neue Voith-Getriebe hieß L 821 rs. Ein paar weitere Änderungen berücksichtigten Erfahrungen mit den Vorserienloks: Die äußere Form glich der V 160 010 und auch der Schallschutz wurde verbessert.

Die Serienloks erhielten ab 1968 die Baureihenbezeichnung BR 216 011 bis 224. Die meisten Maschinen hat die DB AG inzwischen abgestellt. Die letzten Einsatzjahre wurden die 216 wegen ihrer inzwischen veralteten Dampfheizung beinahe nur noch im Güterverkehr eingesetzt. Eine Handvoll Fahrzeuge wurde 2003 zur Baureihe 226 umgezeichnet. Diese Lokomotiven erhielten eine Scharfenbergkupplung und dienten als Rettungsloks für liegen gebliebene ICE 3 auf der Neubaustrecke Köln–Frankfurt. Bereits ab 2004 wurde die Baureihe 226 durch die stärkere Baureihe 218.8 ersetzt und 2005 schließlich verschrottet. Sechs Loks unterliefen bei der Firma »On Rail« ein umfangreiches Modernisierungsprogramm. Aus der Reihe der Serienloks ist aktuell 216 224 der Internationalen Gesellschaft für Eisenbahnverkehr (IGE) betriebsfähig, ebenso 216 032 und 122 der Wiebe Gleisbau.

Baureihenbezeichnung:	BR 216 (DB)
Radsatzanordnung:	B'B'
Anzahl der Motoren:	1, 16-Zylinder-V-Dieselmotor von MTU
V_{max} (km/h):	120
Motorleistung (kW):	1397
Motordrehzahl ($Umin^{-1}$):	1500
Leistungsübertragung:	hydrodynamisch, Voith L 821 rs
Dienstmasse (t):	80
Größte Radsatzfahrmasse (t):	20
Länge über Puffer (mm):	16000
Treibraddurchmesser (mm):	1000
Indienststellung:	1964
Stückzahl:	214
Bemerkungen: seit Februar 2004 alle Exemplare z-gestellt	

Foto: J. Frickel

V 90 (DB)

Selbst die gewichtigere Bauart der V 60-Rangierloks stieß im schweren Rangierdienst an ihre Grenzen und der mögliche Einsatz in Doppeltraktion wäre keine wirtschaftliche Dauerlösung gewesen. Die DB benötigte Anfang der 1960er-Jahre für diese Aufgaben eine leistungsfähigere Diesellok.

Baureihenbezeichnung:	**BR 290 (DB)**
Radsatzanordnung:	**B'B'**
Anzahl der Motoren:	**1, Zwölfzylinder-V-Dieselmotor von MTU**
V_{max} (km/h):	**80**
Motorleistung (kW):	**810**
Motordrehzahl ($Umin^{-1}$):	**1400**
Leistungsübertragung:	**hydrodynamisch, Voith L 206 rs**
Dienstmasse (t):	**80**
Größte Radsatzfahrmasse (t):	**20**
Länge über Puffer (mm):	**14000**
Treibraddurchmesser (mm):	**1100**
Indienststellung:	**1964 (Serie)**
Stückzahl:	**375 + 20 Vorauslokomotiven**

Die ursprüngliche Idee, die bereits eingeführte V 100 mit einer anderen Getriebeübersetzung, dem Ausbau der Zugheizanlage und Ballast zur Erhöhung des Reibungsgewichts zur schweren Rangierlok umzufunktionieren, musste bald aufgegeben werden.

Wieder einmal präsentierte MaK gemeinsam mit dem BZA München einen neuen Entwurf. Dabei sollten jedoch möglichst viele Bauteile aus der laufenden V 100-Produktion übernommen werden. Am Ende entstand ein völlig neues Fahrzeug mit neuem Rahmen und neuen Drehgestellen. Auch Voith entwickelte für die V 90 ein neues Turbogetriebe, das L 206 rs, ein Zweiwandlergetriebe ohne Kupplungsgang. Der Motor war ein Standard-MTU-Diesel, der auch in der V 100 eingebaut wurde, dessen Leistung jedoch auf knapp über 800 kW gedrosselt wurde. Auf Leichtbauweise konnte getrost verzichtet werden, denn die V 90 sollte ja schwer sein und eine Achslast von 20 Tonnen erreichen. So entstand eine überaus robuste Konstruktion. Zwischen August 1964 und Februar 1965 konnten die Kieler 20 Vorserienloks an die DB übergeben, die das neue Baumuster auf Herz und Nieren prüfte. Erfahrungen, die man mit diesen Maschinen sammelte, flossen unmittelbar in die Produktion der Serienloks ein. Ab 1966 begann die Auslieferung der insgesamt 375 bestellten Maschinen. Sie wurden von MaK, KHD und Jung, Jungenthal, gebaut und erhielten anfangs die Baureihennummerierung ab V 90 021. Die 20 Vorausloks waren noch etwas leichter gebaut und nur für eine Höchstgeschwindigkeit von 70 km/h zugelassen. Auch sie wurden von der Bundesbahn übernommen. Ab 1968 erhielt die Baureihe die neue Bezeichnung BR 290. Die Lieferung der Maschinen endete erst 1974.

Ende 1995 begann der Einbau einer Funkfernsteuerung. Die die umgebauten 290 wurden in die Baureihe 294 umgezeichnet. Durch den Einbau neuer Motoren mit 1.000 kW Leistung in zehn Loks der Reihe 294 im Jahr 2000 entstand die Unterbaureihe 294^{95}. Die 294 951 bis 960 fahren im schweren Hüttenverkehr des Saarlandes. Durch Remotorisierung der 290/294 mit dem abgasarmen MTU-Motor 8V4000R41 (1.000 kW) entstanden ab 2003 die Unterbaureihen 290^{5}/294^{5}. Für den zentral funkferngesteuerten Einsatz auf großen Rangierbahnhöfen baute man ab 2004 einige 290er zur Baureihe 296 um.

Im Sommer 2022 zählten noch rund 20 Exemplare der Baureihe 290 und 30 Vertreterinnen der Baureihe 296 zum Bestand der DB AG.

Foto: A. Kiebler

Foto: F. Seraphin

Baureihe 110 (V 100 DR)

Die Ausgangslage der DR war ähnlich der bei der DB. Auch die Reichsbahn legte ein Beschaffungsprogramm für Diesellokomotiven auf und im Rahmen dessen wurden in den 1960er-Jahren die V 60 und die V 180 in unterschiedlichen Varianten gebaut. Bei der DR bestand zwischen diesen beiden Baureihen eine Leistungslücke, die geschlossen werden musste, um einen wirtschaftlichen Lokomotiv-Einsatz zu gewährleisten.

Das Anforderungsprofil für die geplante V 1000-1 sah einmännige Bedienung im Personen- und Güterverkehr vor. Bauteile, die bereits im Unterhaltungsbestand der DR waren, sollten in möglichst großer Zahl verwendet werden. Wartungsfreundlichkeit, lange Lebensdauer und geringe Radsatzlasten für den Einsatz auf Nebenbahnen standen ebenso als wichtigste Punkte im Pflichtenheft, das an den VEB Lokomotivbau »Karl Marx« in Babelsberg übergeben wurde.

Gemeinsam mit dem Institut für Schienenfahrzeuge entwickelten die Brandenburger zwei Prototypen, die 1964 und 65 präsentiert wurden. Der Motor war der bekannte Typ 12 KVD 18/21A, ein aufgeladener Zwölfzylinder-Viertaktmotor, der bereits in der V 180 eingebaut wurde und deshalb der Grundforderung der Vereinheitlichung entsprach. Der Motor wurde in verschiedenen Bauformen mit Leistungen zwischen 662 und 736 kW installiert. Auch die DR wählte für die V 100 eine dieselhydraulische Leistungsübertragung. Für die Heizung von Zügen wurde eine Dampfheizung vorgesehen. Die Serienfertigung übernahm die VEB Lokomotivbau Elektrotechnische Werke (LEW) in Hennigsdorf.

Die ersten 40 Serienlokomotiven lieferte LEW 1966 an die DR. Insgesamt erhielt die Reichsbahn 173 Loks inklusive der Vorserienmaschinen. Ab 1970 wurden die DR-V 100 zur Baureihe 110 umgezeichnet. Bei der DB AG wurden sie später als Baureihe 201 übernommen. Zwischen 1970 und 1978 wurden weitere 696 Lokomotiven der modifizierten 110.2 bis 110.8 gebaut, die heute 201.2 bis 201.8 heißen. Ab 1990 büßte die Baureihe 110 (ab 1992: BR 201) erheblich an Bedeutung ein. Mit dem Zusammenbruch des Personen- und Güterverkehrs in den neuen Ländern verloren die Maschinen binnen weniger Jahre ihre angestammten Einsatzgebiete. Die Ausmusterung der ehemaligen V 100 setzte bereits 1992 ein. Bei der DB AG sank der Stern der Baureihe 201 noch schneller, sie musterte die letzten Exemplare der Baureihe 201 bereits 1998 aus. Viele Lokomotiven dieser Bauart fanden eine zweite Aufgabe bei Privatbahnen und wurden dafür oftmals im ehemaligen Aw Stendal grundlegend modernisiert.

Baureihenbezeichnung:	BR 110 (DR)
Radsatzanordnung:	B'B'
Anzahl der Motoren:	1, Zwölfzylinder-Viertakt-V-Dieselmotor
V_{max} (km/h):	100
Motorleistung (kW):	736
Motordrehzahl (Umin^{-1}):	1500
Leistungsübertragung:	hydrodynamisch, VEB Strömungsmaschinen Dresden GSR 30/5,7 AQ
Dienstmasse (t):	60 bis 63,7
Größte Radsatzfahrmasse (t):	15 bis 16,4
Länge über Puffer (mm):	13940
Treibraddurchmesser (mm):	1000
Indienststellung:	1964
Stückzahl:	173 + 696 ohne Wendegetriebe

Foto: F. Seraphin

Foto: F. Seraphin

Baureihe V 60^{12} (DR)

Der Bedarf an Rangierloks war mit der ersten Serie der Baureihe V 60 noch lange nicht gedeckt. Der Entwurf der Baureihe sollte jedoch überarbeitet werden, um Änderungen vornehmen zu können, die nach den ersten Erfahrungen im Betrieb der V 60.10 angeregt worden waren. Der Grundentwurf blieb gleich, aber einige verbesserte Einzelteile sollten künftig eingebaut werden, außerdem erhöhten die Konstrukteure die Achslast auf 15 Tonnen, verbreiterten das Führerhaus und zogen das Dach bis über die Vorbauten, um einen besseren Blendschutz zu erzielen.

Im Frühjahr 1964 wurde V 60 1201, der vom Lokomotivbau »Karl Marx« in Babelsberg entworfene Prototyp der überarbeiteten V 60, in Leipzig auf der Frühjahrsmesse ausgestellt. Die Serienfertigung zog jedoch aus dem Süden Berlins in den Norden um. Der VEB Lokomotivbau-Elektrotechnische Werke in Hennigsdorf übernahm die Verantwortung für die Baureihe. Die Serienlieferung der in leuchtendem Orange abgelieferten Loks dauerte von 1964 bis 1984.

1970 wurde die Rangierlok zur Baureihe 106 umgezeichnet. Als 1975 mit der Maschine die 106 999 die Ordnungsnummern ausgingen, ordnete die Reichsbahn alle weiteren Loks der neuen Baureihe 105 zu. Ab 1992 wurden die Loks zu den Baureihen 345/346. In der zweiten Hälfte der 1990er-Jahre begann die Ausmusterung der ehemaligen V 60.12. Anfang 2004 musterte die DB AG die letzten Exemplare aus. Nur noch bei einigen Privat- und Werkbahnen sind »Goldbroiler« im Einsatz.

Baureihenbezeichnung:	**Baureihe 106.2 bis 106.9 (DR)**
Radsatzanordnung:	**D**
Anzahl der Motoren:	**1, Zwölfzylinder-Viertakt-Dieselmotor**
V_{max} (km/h):	**60**
Motorleistung (kW):	**478**
Motordrehzahl (Umin^{-1}):	**1500**
Leistungsübertragung:	**dieselhydraulisch, GSR 12/5,2**
Dienstmasse (t):	**60**
Größte Radsatzfahrmasse (t):	**15**
Länge über Puffer (mm):	**10880**
Treibraddurchmesser (mm):	**1100**
Indienststellung:	**1964**
Stückzahl:	**799 + 165 + 5 (gebraucht von der DR erworben)**

Foto: A. Dollinger

G 1300 BB (MaK)

Bei MaK in Kiel war man immer darauf bedacht, Lokomotiv-Entwicklungen für die Bundesbahn auch für private Kunden anzubieten. Die Stangenloks der ersten Generation waren dafür ein erfolgreiches Beispiel.

Auch die V 100 der DB wurde bei MaK für private Kunden aufbereitet. Wichtigste Änderungen waren ein hauseigener Motor und ein verändertes Voith-Getriebe. Das ursprüngliche V 100-Getriebe, das für Drehzahlen zwischen 1100 und 1800 Umin^{-1} ausgelegt war, musste dem langsamer drehenden MaK-Selbstzünder angepasst werden. Diese Arbeit hatten die Heidenheimer Getriebebauer bereits 1961 geleistet, als sie das L 216 rsb der Bundesbahn-V 100 für einen Export nach Belgien modifizierten. Dort wurde es in die Baureihen 211 und 213 eingebaut, die einen mittelschnelllaufenenden GM-Motor nutzten.

Die V 100 PA war nur ein mäßiger Erfolg und es verkauften sich zwischen 1963 und 1969 nur zehn Exemplare, u.a. an die Hohenzollerische Landesbahn und die Hersfelder Kreisbahn. Die noch vorhandenen Loks wurden überwiegend modernisiert, z. B. wurde die V 124 der HzL im Jahr 2005 neu aufgebaut.

Baureihenbezeichnung:	**G 1300 (V 100 PA)**
Radsatzanordnung:	**B'B'**
Anzahl der Motoren:	**1, mittelschnelllaufender MaK-Dieselmotor**
V_{max} (km/h):	**80**
Motorleistung (kW):	**950**
Motordrehzahl (Umin^{-1}):	**900**
Leistungsübertragung:	**hydrodynamisch, Voith L 216 rsb**
Dienstmasse (t):	**72**
Größte Radsatzfahrmasse (t):	**18**
Länge über Puffer (mm):	**12610**
Treibraddurchmesser (mm):	
Indienststellung:	**1963–1969**
Stückzahl:	**10**

Baureihe V 169 (DB)

Seit den späten 1940er-Jahren testeten viele Länder den Einsatz von Gasturbinen in Schienenfahrzeugen. Gasturbinen schienen viele Vorteile gegenüber dem herkömmlichen Antrieb mit Dieselmotoren zu haben: Geringes Gewicht und minimale Einbaumaße im Vergleich zu schweren und voluminösen Dieselaggregaten veranlassten die Ingenieure, sich mit der neuen Antriebstechnik zu beschäftigen. Vor allem der vermehrte Einsatz von Gasturbinen beim Flugzeugantrieb ermöglichte es, ausgereifte Turbinen auch für den Schieneneinsatz abzuzweigen.

Während andere Bahngesellschaften Versuche mit reinem Gasturbinenantrieb durchführten, wählte die Bundesbahn ein vorsichtigeres Konzept. Die Turbine war lediglich ein Hilfsantrieb (Booster), der im Bedarfsfall zugeschaltet werden konnte. Der erste DB-Versuch mit Gasturbinenbooster war V 169 001, die 1963 bei KHD bestellt und 1965 der Öffentlichkeit vorgestellt wurde. Der Maybach-16-Zylinder lieferte 1580 kW und die Gasturbine konnte zusätzlich 660 kW zur Verfügung stellen. Die moderne Lok wurde mit einer elektrischen Zugheizung ausgestattet. Ein knappes Viertel der Dieselmotorleistung benötigte der Heizgenerator bei Höchstlast, der per Hilfsabtrieb direkt vom Fahrmotor gespeist wurde. Bei vollem Heizbedarf sollte die Gasturbine den Leistungsabfall ausgleichen. Außerdem stellte sie eine Leistungsreserve beim Anfahren und bei Bergfahrten dar. Ab 1968 hieß die Lok 219 001. Die Lok wurde nach einem mehrjährigen Italienaufenthalt nach ihrer Ausmusterung bei der DB im Jahr 1999 bei Gmeinder generalüberholt. Über die Bahngesellschaft Waldhof, die sie als DH 280.01 einreihte, gelangte die Maschine zu den Eisenbahnen und Verkehrsbetriebe Elbe-Weser GmbH (EVB), wo sie die Nummer 420 01 erhielt. Nach einem Unfallschaden wurde die Lok an einen Privatmann verkauft.

Baureihenbezeichnung:	**BR 219 (DB)**
Radsatzanordnung:	**B'B'**
Anzahl der Motoren:	**1, 16-Zylinder-V-Dieselmotor von Maybach, zusätzliche Gasturbine vom Typ LM 100-8 von KHD (Lizenzbau der General Electric T 58) als Booster**
V_{max} (km/h):	**130**
Motorleistung (kW):	**1580 + 660 (Gasturbine)**
Motordrehzahl ($Umin^{-1}$):	**1500**
Leistungsübertragung:	**hydrodynamisch, Voith L 820 wrs mit Einspeiswandler für Gasturbine**
Dienstmasse (t):	**78**
Größte Radsatzfahrmasse (t):	**19,5**
Länge über Puffer (mm):	**16400**
Treibraddurchmesser (mm):	**1000**
Indienststellung:	**1965**
Stückzahl:	**1**
Bemerkungen: Lok wurde bei Gmeinder modernisiert; derzeit im Besitz der Eisenbahnen und Verkehrsbetriebe Elbe-Weser GmbH	

Foto: A. Kiebler

Baureihe V 100^{23} (DB)

1966 bestellte die DB nochmals zehn spezielle V 100.20 für den Einsatz auf besonders steilen Strecken. Die Lokomotiven wurden als V 100.23 eingereiht. Die Verwendung auf Steilstrecken mit Steigungen bis 50 Promille erforderte vor allen Dingen eine Modifikation der Bremsanlage.

Für diesen speziellen Dienst erhielten die Loks das dafür entwickelte Voith-Getriebe L 620 brs. In diesem Getriebe war eine zusätzliche hydrodynamische Bremse integriert, die so ausgelegt sein sollte, dass selbst bei einer Anhängelast von 60 Tonnen und Ausfall der regulären Druckluftbremse ein Überschreiten der zulässigen Höchstgeschwindigkeit verhindert werden kann. Statt des Kupplungsgangs im regulären V 100-Getriebe L 216 rs wurde die zweiflutige hydrodynamische Bremse KB 510 angeflanscht, die ursprünglich für den amerikanischen Markt entworfen worden war. Um die beim Bremsen entstehende zusätzliche Wärme abzuführen, wurde ein zusätzlicher Wärmetauscher für das Getriebeöl eingebaut. Deshalb musste man aus Platzgünden bei der Steilstreckenlok auf den in der Baureihe V 100 eingebauten Hilfsdieselmotor verzichten. Stattdessen wurde ein Ladegerät mit Fremdstromspannung zum Laden der Batterie sowie zum Vorwärmen und Warmhalten der Lok eingebaut. Ab 1968 fuhren die Loks unter ihrer neuen Baureihenbezeichnung BR 213. Als letzte ehemalige V 100 schied im November 2006 die 213 333 bei der DB-Tochter SüdostBayernBahn aus. Die meisten Maschinen sind jewoch weiterhin für private EVU aktiv, die AVG, die Fränkische Museumseisenbahn FMB, die NeSa, die Rennsteigbahn, die Rheinische Eisenbahn und die SVG haben je ein Exemplar in ihrer Flotte, zwei Loks bildeten zuletzt den Bestand der MWB.

Baureihenbezeichnung:	**BR 213 (DB)**
Radsatzanordnung:	**B'B'**
Anzahl der Motoren:	**1, Zwölfzylinder-Dieselmotor von MTU**
V_{max} (km/h):	**100**
Motorleistung (kW):	**990**
Motordrehzahl ($Umin^{-1}$):	**1500**
Leistungsübertragung:	**hydrodynamisch, Voith L 216 rs**
Dienstmasse (t):	**65**
Größte Radsatzfahrmasse (t):	**16,3**
Länge über Puffer (mm):	**12300**
Treibraddurchmesser (mm):	**950**
Indienststellung:	**1965**
Stückzahl:	**10**

Foto: F. Seraphin

Baureihe V 162 (DB)

Nach den Gasturbinenloks der Baureihe 210 und 219, die Sonderfälle darstellen, war die BR 217 die Reihe mit der geringsten Stückzahl innerhalb der V 160-Familie. Die sich abzeichnende Entwicklung hin zu elektrisch beheizten Zügen veranlasste die DB Mitte der 1960er-Jahre auch die V-160-Familie mit einer elektrischen Heizung auszurüsten.

Die V 162 genannten Maschinen hatten neben dem Fahrmotor einen zusätzlichen Heizdieselmotor, der einen Generator antrieb. Der 12-Zylinder-Heizdiesel war ursprünglich ein 370-kW-Triebwagenmotor. Drei Prototyp-Lokomotiven lieferte Krupp in den Jahren 1965 und 1966. Sie unterschieden sich in erster Linie durch die Art des Antriebs des Stromgenerators. Über einen speziellen Einspeiswandler konnte der Heizdiesel auch zur Fahrzeugtraktion herangezogen werden, falls keine Heizung erforderlich war. Die neuartigen Zwei-Wandler-Getriebe lieferten Maybach und Voith. Für den Einbau der elek-trischen Zugheizung war eine Verlängerung des Lokkastens um 40 Zentimeter erforderlich. Es kam noch zur Bestellung von zwölf Vorserienmaschinen, die ab 1968 als neue BR 217 geliefert wurden. Der technische Fortschritt im Lauf der Entwicklung der V 162 machte den späteren Serienbau zugunsten der BR 218 überflüssig. Sie konnte auf den Heizdiesel aufgrund einer deutlich gesteigerten Motorleistung des Traktionsdiesels, der in der Lage war, auch den Heizgenerator anzutreiben, verzichten. Inzwischen sind alle Loks der Reihe 217 bei der DB ausgeschieden. Einige werden aber noch vor Güter-, Bau- und Sonder-Reisezügen von anderen EVU eingesetzt.

Baureihenbezeichnung:	BR 217 (DB)
Radsatzanordnung:	B'B'
Anzahl der Motoren:	1, 16-Zylinder-V-Dieselmotor von MTU
V_{max} (km/h):	130/140*
Motorleistung (kW):	1397
Motordrehzahl (Umin^{-1}):	1500
Leistungsübertragung:	hydrodynamisch, Voith L 820 wrs oder Maybach (MTU) K 252 SUEW
Dienstmasse (t):	80,8
Größte Radsatzfahrmasse (t):	20,2
Länge über Puffer (mm):	16400
Treibraddurchmesser (mm):	1000
Indienststellung:	1965
Stückzahl:	15 (inklusive 3 Vorauslokomotiven)
Bemerkungen: Im Einsatz bei DB Regio, zwei Maschinen als 753 001 und 753 002 bei der Versuchsanstalt der DB AG in München *erhöhte Höchstgeschwindigkeit für Loks mit Scheibenbremsen	

Foto: A. Kiebler

V 90⁹ (DB)

In Eigeninitiative baute MaK gleichzeitig zu den Vorserienloks der Baureihe V 90 sechs Dieselloks, in die ein Motor aus eigener Produktion eingebaut wurde. MaK beabsichtigte, dieses Modell vor allem für den Exportmarkt anzubieten. Der MaK-Diesel war auf die gleiche Leistung wie das MTU-Pendant der V 90 eingestellt, jedoch im Gegensatz zum schnelllaufenden Zwölfzylinder aus Friedrichshafen handelte es sich bei der MaK-Variante um einen 3,6 Tonnen schwereren mittelschnelllaufenden Achtzylinder, der keine Neuentwicklung war und seine Tauglichkeit unter anderem im Schiffseinsatz bereits unter Beweis stellte. Er leistete bei 927 $Umin^{-1}$ 810 kW und bei 1000 $Umin^{-1}$ 1030 kW.
Voith lieferte auch ein leicht modifiziertes Getriebe L 206 rsb, mit dem es der Lok möglich war, eine Höchstgeschwindigkeit von 90 km/h zu erreichen. Drei der anfangs V 90P bezeichneten Lokomotiven mietete die DB an und testete sie ausgiebig. Nach guten Erfahrungen mit dieser Lok, die sich auch für ein halbes Jahr in Schweden bei tiefsten Temperaturen beweisen musste, bestellte die DB 1973, als sie ihren Bestand an schweren Rangierloks nochmals aufstocken musste, in zwei Baulosen à 50 Stück die neue Baureihe 291. Die Serienloks, die ab 1974 zur DB kamen, erhielten die Nummern 291 001 bis 100, die drei V 90P wurden ebenfalls gekauft und als 291 901 bis 903 eingereiht. Die Baureihe 291 gelangte komplett in den Bestand der DB AG. Der Einbau einer Funkfernsteuerung für den automatisierten Abdrückbetrieb im Rangierbahnhof Maschen ab Dezember 1995 machte sie zur Reihe 295. Inzwischen wurden die meisten Loks beider Baureihen durch die neuen Gravita-Baureihen 261 und 265 vollständig abgelöst. Einige 291/295 verkaufte die DB an private EVU. Dort sind etwa bei Railsystems RP oder Sunrail einige besonders farbenfrohe Exemplare im Einsatz.

Baureihenbezeichnung:	BR 291 (DB)
Radsatzanordnung:	B'B'
Anzahl der Motoren:	1, mittelschnelllaufender Acht-Zylinder-Reihen-dieselmotor von MaK
V_{max} (km/h):	80
Motorleistung (kW):	809
Motordrehzahl ($Umin^{-1}$):	930
Leistungsübertragung:	hydrodynamisch
Dienstmasse (t):	80
Größte Radsatzfahrmasse (t):	20
Länge über Puffer (mm):	14000
Treibraddurchmesser (mm):	1100
Indienststellung:	1966 (Prototypen)
Stückzahl:	103 (inklusive drei Prototypen)

Foto: H. Sangmeister

Baureihe V 180^2 (DR)

Die V 180 brachte es auf ein Gesamtgewicht von 78 Tonnen. Das führte bei der vierachsigen Lok zu einer Achslast von 19,5 Tonnen und machte die neue Baureihe ungeeignet für den Nebenbahneinsatz. Gerade dort verkehrten häufig noch die ältesten Dampflokomotiven, die zum Teil aus Länderbahnzeiten stammten wie G 8, G 8^1, G 10 und P 8 und für die dringend Ersatz notwendig wurde.
Die Reichsbahn entschied sich für die einfachste Lösung: Anstatt ein völlig neues Fahrzeug zu entwerfen, nahm man die bereits zur Verfügung stehende V 180 und stellte sie auf neue sechsachsige Drehgestelle. 1964 konnte der erste Prototyp seine Testfahrten beginnen. Der Fahrzeugrahmen der sechsachsigen Maschine blieb genauso lang wie der der V 180^0. Das Ge-

Baureihenbezeichnung:	**118.2 bis 118.4 (DR), BR 228.2 bis 3 (DB)**
Radsatzanordnung:	**C'C'**
Anzahl der Motoren:	**2, Zwölfzylinder-Viertakt-V-Dieselmotoren**
V_{max} (km/h):	**120**
Motorleistung (kW):	**736**
Motordrehzahl ($Umin^{-1}$):	**41500**
Leistungsübertragung:	**hydrodynamisch, GSR 30/5,7 VEB Strömungsmaschinen Dresden und Voith L 306 rb**
Dienstmasse (t):	**90**
Größte Radsatzfahrmasse (t):	**15**
Länge über Puffer (mm):	**19460**
Treibraddurchmesser (mm):	**1000**
Indienststellung:	**1966**
Stückzahl:	**167**

wicht nahm jedoch um zwölf Tonnen zu, die Radsatzlast betrug aber nur 15 Tonnen. Zahlreiche Erkenntnisse aus dem Betrieb mit der vierachsigen Schwesterlok flossen in den Serienbau des Sechsachsers ein, der 1966 begann. Die neue Lokomotive firmierte bei der DR als V 180^2. Von der Baureihe 180^2 baute der Lokomotivbau Karl Marx 206 Stück. Der zweite Prototyp, V 240 001, erhielt stärkere 883 kW-Motoren und war für eine Höchstgeschwindigkeit von 140 km/h zugelassen. Ab 1972 wurden zahlreiche weitere Loks auf den leistungsfähigeren Standard umgebaut. Danach wurde ihre Ordnungsnummer um den Wert 400 erhöht. Beispiel: Aus der 118 321 wurde nach dem Umbau 118 721. 1995 gehörten nur noch 60 Maschinen der Baureihen 228^{2-4} und 228^{6-8} zum Bestand der DR. Ein Jahr später waren es nur noch zehn Maschinen. Die letzten Exemplare wurden im Juni 1998 ausgemustert. Derzeit ist rund ein halbes Dutzend ehemaliger V 180 für diverse private EVU unterwegs. Rund zwei Dutzend weitere Maschinen können in Eisenbahn-Museen besichtigt werden.

Foto: F. Seraphin

Foto: J. Frickel

Baureihe V 200 (DR)

Diese Baureihe war vermutlich einer der erfolgreichsten Diesellоktypen des ehemaligen Ostblocks. Die Maschinen der DR-Baureihe V 200 wurden in beinahe alle ehemaligen RGW-Staaten exportiert. Als die Reichsbahn Mitte der 60er-Jahre 2000-PS-Güterzugloks benötigte, sah sich die DDR in der Sowjetunion um. In Lugansk wurde man fündig, wo man bereits über langjährige Erfahrungen verfügte.

Die Lokomotivfabrik »Oktoberrevolution« entwickelte ein auf die Bedürfnisse der DR und zahlreicher anderer mitteleuropäischer Bahnverwaltungen zugeschnittenes Fahrzeug. Die ersten Fahrzeuge erhielt die ungarische MAV. Der Reichsbahn wurden Ende 1966 zwei Baumuster, V 200 001 und 002, übergeben, die umgehend in die Erprobung gingen. Schon Anfang 1967 begann die Lieferung der Serienfahrzeuge V 200 003 bis 090. Es folgten noch vier Nachlieferungen, bis die endgültige Stückzahl von weit über 300 Maschinen, die ab 1970 als BR 120 bezeichnet wurde, im Jahr 1975 erreicht war.

Mitte der 90er-Jahre hatten die »Taigatrommel« oder »Wumme« genannten Maschinen bei der DB AG als BR 220 ausgedient. Einige Maschinen fuhren noch für Privatbahnen im Güterzug- und Bauzugverkehr. Zuletzt setzte im Jahr 2007 nur noch die Leipziger Eisenbahngesellschaft die »Wumme« ein, doch auch das ist Geschichte. Viele der V 200, die nach 1994 noch auf deutschen Gleisen anzutreffen waren, stammten jedoch nicht aus ehemaligen DR-Beständen, sondern wurden aus verschiedenen osteuropäischen Ländern importiert. Mit der Museumslok 120 274 sowie V 200 507 der Erfurter Bahnservice (EBS) gibt es seit Kurzem wieder zwei betriebsbereite Exemplare.

Baureihenbezeichnung:	BR 120 (DR), BR 220 (DB AG)
Radsatzanordnung:	Co'Co'
Anzahl der Motoren:	1, langsamlaufender Zwölfzylinder-Zweitakt-V-Motor von Kolomna
V_{max} (km/h):	120
Motorleistung (kW):	1470
Motordrehzahl (Umin^{-1}):	750
Leistungsübertragung:	dieselelektrisch
Dienstmasse (t):	116
Größte Radsatzfahrmasse (t):	19,4
Länge über Puffer (mm):	17550
Treibraddurchmesser (mm):	1050
Indienststellung:	1966
Stückzahl:	378

Foto: F. Seraphin

Baureihe 215/225 (DB)

Die Baureihe 215 ist ein Kompromiss aus der bereits im Einsatz befindlichen BR 216 und den späten Baureihen der V 160-Familie: BR 217 und 218. Ende der 1960er-Jahre wurden durch das massive Ausscheiden zahlreicher Dampflokbaureihen große Stückzahlen neuer Dieselloks benötigt.
Zu diesem Zeitpunkt zeichnete sich jedoch bereits deutlich ab, dass die Zukunft Lokomotiven mit elektrischer Zugheizung gehören würde. Die Baureihen 217 und 218, für die diese moderne Form der Wärmeversorgung fest eingeplant war, standen jedoch noch nicht zur Verfügung bzw. waren noch nicht ausreichend getestet.
Wegen des dringenden Bedarfs orderte die DB deshalb im Oktober 1967 bei der Fahrzeugindustrie die BR 215, die konstruktive Merkmale der BR 217 und 218 berücksichtigte, aber mit einer Dampfheizung und den bewährten 1397-kW-Motoren der BR 216 ausgestattet war. Wichtigster Unterschied zur V 160 war der um 40 Zentimeter verlängerte Rahmen. Sie wurden deswegen auch als »V 160 lang« bezeichnet. Dadurch bestand die Option, die Lokomotiven zu einem späteren Zeitpunkt auf den 218-Standard umzubauen.

Baureihenbezeichnung:	BR 215/225 (DB)
Radsatzanordnung:	B'B'
Anzahl der Motoren:	1, 16-Zylinder-V-Dieselmotor von MTU oder Zwölfzylinder-V-Motor von MTU
V_{max} (km/h):	140
Motorleistung (kW):	1397/1580
Motordrehzahl (Umin^{-1}):	1500
Leistungsübertragung:	hydrodynamisch, Voith L 820 brs oder MTU K 252 SUBB
Dienstmasse (t):	80
Größte Radsatzfahrmasse (t):	20
Länge über Puffer (mm):	16400
Treibraddurchmesser (mm):	1000
Indienststellung:	1968
Stückzahl:	150 (inklusive 10 Vorauslokomotiven)
Bemerkungen: im Einsatz bei DB Cargo	

Zehn Vorserienfahrzeuge erhielten einen neuen MAN-12-Zylinder (später MTU), der auf 1580 kW eingestellt war. Probleme mit dem Motor führten dazu, dass in den meisten Serienloks der bewährte Daimler-Motor der V 160 eingebaut wurde. Das neue Voith-Getriebe L 820 brs für die BR 215 besaß außerdem eine hydrodynamische Bremse und erlaubte eine Höchstgeschwindigkeit von 140 km/h. Von der Baureihe 215 beschaffte die DB zehn Prototypen und 140 Serienfahrzeuge. Die letzten 20 Exemplare wurden erneut mit dem stärkeren MAN-Aggregat, das inzwischen ausgereift war, ausgerüstet. Nur drei Lokomotiven 215 030 bis 032 erhielten 1974 bei Krupp eine elektrische Zugheizung. Wegen der installierten Dampfheizung musste sich die BR 215 im Lauf ihrer Dienstzeit immer mehr im Güterverkehr bewähren, vor Reisezügen kamen die robusten Maschinen immer seltener zum Einsatz.

Seit 2001 lichteten sich die Reihen. 67 Exemplare übernahm bis Mitte 2003 DB Cargo, wo man sie als BR 225 einreihte und die Dampfheizungsanlage gegen ein Warmhaltegerät austauschte. Im Sommer 2003 erwarb DB Autozug 16 Loks von DB Regio und baute 14 Stück entsprechend der BR 225 um, die als BR 2159 bezeichnet wurden. Doch ihr Einsatz vor den Autozügen zwischen Niebüll und Westerland/Sylt endete im Herbst 2008.

In den folgenden Jahren lichteten sich die Reihen der BR 225 zunehmend. Zu den letzten bedeutenden Einsätzen kam es Anfang 2016 im Nordwesten, als die letzten Maschinen in Oldenburg zusammengezogen wurden. Doch Ende Juli 2016 war auch hier Schluss.

Einige Maschinen sind allerdings weiterhin – teils in historischem Farbkleid - für private EVU aktiv, so etwa für die EfW auf Frechen, die BBL Logistik oder die WRS aus Karlsruhe.

Foto: F. Seraphin

Foto: H. Sangmeister

Baureihe V 164 / Baureihe 218 (DB)

Zur wichtigsten Baureihe der V-160-Familie wurde die BR 218. Sie war der Endpunkt einer Entwicklung, die in den späten 1950er-Jahren begann und deren erste Fahrzeuge die Lollos aus dem Jahr 1961 waren. In vier Bauserien wurden die 218 als vorerst letzte DB-Diesellok-Großserie bis Ende der 1970er-Jahre gebaut. Noch heute bilden sie das Rückgrat der Dieseltraktion bei der DB AG.

Bei der Planung der BR 218 stand von Anfang an die elektrische Zugheizung fest, allerdings sollte auf einen zusätzlichen Heizdieselmotor verzichtet werden. Ein ausreichend leistungsfähiger Fahrdiesel sollte für Traktion und Heizgenerator zur Verfügung stehen. Die Hersteller waren Ende der 60er-Jahre in der Lage, 12-Zylinder-Motoren mit einer Leistung von 1840 kW zu bauen. Krupp lieferte in den Jahren 1968/69 zwölf Vorserienloks, die allesamt den neuen MTU V 6 V 23/23 TL und ein Voith-Getriebe erhielten. Nur 218 001 erhielt eine hydrodynamische Bremse, deshalb galt für die Vorausloks noch eine Höchstgeschwindigkeit von 130 km/h.

1971 begann die Serienlieferung, an der sich vier große deutsche Lokhersteller beteiligten: Krupp, Henschel, Krauss-Maffei und MaK. Bei den Serienfahrzeugen wurden noch einige Modifikationen durchgeführt. Alle Loks erhielten einen Retarder (hydrodynamische Bremse) und die Höchstgeschwindigkeit konnte so auf 140 km/h hoch gesetzt werden. Getriebelieferanten waren Voith und MTU, die Getriebeeingangsleistung wurde bei 1485 kW festgelegt. Erfahrungen im Betriebseinsatz und technische Innovationen flossen immer wieder in die knapp zehnjährige Serienproduktion ein. Ab der 160. Lokomotive wurde die Motorleistung nochmals auf 2060 kW gesteigert, damit konnte auch bei voller Heiz- oder Kühlerleistung sicher gestellt werden, dass immer die vollen 1485 kW Traktionsleistung am Rad zur Verfügung stehen. Der Stromgenerator für die Zugheizung hat immerhin eine Leistung von 405 kW. Auch die Drehgestellkonstruktion wurde im Lauf der Serienproduktion verändert. Ab Lok 218 299 wurden so genannte Flexicoil-Federelemente eingebaut, die die Laufruhe der Lokomotive deutlich verbesserten. Verschiedenste Motorvarianten wurden in die 398 Lokomotiven der Serienproduktion eingebaut. Wie die Lokomotiven der Baureihe V 100 fand man die BR 218 bald überall, wo Bedarf an universellen Dieselloks bestand. Zu den regulären Loks der Baureihe 218 gesellte sich noch 218 399. Bei dieser Lok handelte es sich um die verunfallte 215 112, aus deren Trümmern 218 399 entstand. In den Jahren seit der Jahrtausendwende wurde auch der Bestand der Baureihe 218 beständig kleiner. 15 Maschinen wurden zu Schlepploks für liegengebliebene ICE-Züge auf den Neubaustrecken umgebaut und als Baureihe 218.8 eingereiht. Mittlerweile ist das Einsatzende der BR 218 bei der DB AG nach über 50 Einsatzjahren absehbar, dennoch waren im Sommer 2022 noch rund 80 Maschinen im Einsatzbestand der DB AG, darunter sind auch nach wie vor die 15 Loks der Unterbaureihe 218.8. Viele 218 verdienen zudem bei privaten EVU ihr Gnadenbrot. Zu den größten Betreibern zählen Railsystems RP, die NeSA und die Press. Einige dieser Loks fahren wiederum aushilfsweise für die DB AG.

Baureihenbezeichnung:	**BR 218 (DB)**
Radsatzanordnung:	**B'B'**
Anzahl der Motoren:	**1, 12-Zylinder-V-Dieselmotor von MTU (im Lauf der Produktion in der Leistung gesteigert) und 16-Zylinder-V-Dieselmotor von KHD (in Lizenz gebauter französischer Pielstick-Motor)**
V_{max} (km/h):	**140**
Motorleistung (kW):	**1840 bis 2060 kW**
Motordrehzahl (Umin^{-1}):	**1500**
Leistungsübertragung:	**hydrodynamisch, Voith L 820 brs oder MTU K 252 SUBB**
Dienstmasse (t):	**80**
Größte Radsatzfahrmasse (t):	**20**
Länge über Puffer (mm):	**16400**
Treibraddurchmesser (mm):	**1000**
Indienststellung:	**1968**
Stückzahl:	**12 Vorauslokomotiven, 399 Serienfahrzeuge**

Foto: F. Seraphin

Foto: H. Sangmeister

Baureihe V 23 (DR)

Der in der V 15 (siehe Seite 46) eingebaute Motor mit einer Leistung von 132 kW weckte den Wunsch nach einer etwas kräftigeren Lokomotive. Der VEB Lokomotivbau »Karl Marx« in Babelsberg reagierte auf die Wünsche nach einer verstärkten Traktionsleistung und entwickelte den Prototypen V 15 2210 (V 22B) mit einem 162-kW-Motor. Die Fahrzeugkonstruktion entsprach ansonsten der bewährten V 15. Das erleichterte die Anschaffung der neuen Lok, da die meisten Teile mit der V 15 austauschbar waren.

Der neue kräftigere Motor machte jedoch auch ein leistungsfähigeres Strömungsgetriebe erforderlich. Der Prototyp wurde eingehend getestet und die Erfahrungen mit der V 15 2210 flossen anschließend in die Serienproduktion ein. Das Getriebe GSU 21/4,5, Typ Wandler-Wandler-Kupplung, wurde in der Serie durch das neue entwickelte Zweiwandlergetriebe GSU 20/4,5 ersetzt. In den Jahren 1968 und 1969 entstanden 80 Lokomotiven, deren Bezeichnung V 23 lautete. Ab 1970 wurden sie der Baureihe 102 zugeordnet. Nach der Wiedervereinigung gehörten die Rangierloks zur BR 3120. Erst Anfang der 1990er-Jahre hatte die V 23 ausgedient. 1998 waren nur noch 21 Exemplare vorhanden. Die letzten vier wurden im Jahr 2001 ausgemustert.

Baureihenbezeichnung:	Baureihe 102.0 (DR)
Radsatzanordnung:	B
Anzahl der Motoren:	1, Sechszylinder-Viertakt-Reihendieselmotor
V_{max} (km/h):	55
Motorleistung (kW):	162
Motordrehzahl (Umin^{-1}):	1510
Leistungsübertragung:	dieselhydraulisch, GSU 20/4,5
Dienstmasse (t):	24
Größte Radsatzfahrmasse (t):	12
Länge über Puffer (mm):	6940
Treibraddurchmesser (mm):	1000
Indienststellung:	1968
Stückzahl:	81

Foto: R. Wirtz

DHG 700 C von Henschel

Für Henschel und den Getriebehersteller Voith wurde diese Lokomotive zu einem gemeinsamen Erfolg. Die DHG 700 C wurde mit 70 Exemplaren zur erfolgreichsten Standardlokomotive im Lieferprogramm und die Heidenheimer konnten mit der Kasseler Konstruktion die Qualität ihrer neuen Turbowendegetriebe beweisen. Bei dieser speziellen Bauart von DH-Getrieben stehen für jede Fahrtrichtung eigene Wandler zur Verfügung. Die Richtungsänderung kann im Betrieb vorgenommen werden und die Wandler der jeweiligen Gegenrichtung dienen dann als verschleißfreie hydrodynamische Bremsen.

Einer der ersten Kunden war der VW-Konzern im Jahr 1968, der vier Maschinen bei Henschel bestellte. Ab 1972 erhielten die DHG 700 C einen modernisierten Aufbau, der deutlich kantiger war und nicht mehr die charakteristischen nach vorne abfallenden Vorbauten aufwies. Neben deutschen Industrie- und Werksbahnen waren auch ausländische Bahngesellschaften Abnehmer des Henschel-Dreiachsers.

Baureihenbezeichnung:	**DHG 700 C**
Radsatzanordnung:	**C**
Anzahl der Motoren:	**1, Zwölf-Zylinder-Viertakt-Dieselmotor von Henschel**
V_{max} (km/h):	**35**
Motorleistung (kW):	**485**
Motordrehzahl ($Umin^{-1}$):	**1800**
Leistungsübertragung:	**dieselhydraulisch, Voith L 4r4 V2**
Dienstmasse (t):	**60**
Größte Radsatzfahrmasse (t):	**20**
Länge über Puffer (mm):	**9850**
Indienststellung:	**1968**
Stückzahl:	**70**

Foto: Karlheinz Haucke

DG 1600 CCM von KHD

Mit dieser eindrucksvollen Baureihe endete bei Klöckner-Humboldt-Deutz der Lokomotivbau. Für die Dortmunder Eisenbahn entwarfen die Kölner eine sechsachsige Diesellok mit nur einem Motor und einem Getriebe.

Mit dieser Type gelang KHD zum Abschluss noch der Beweis, dass auch eine derartige Konstruktion mit durch Gelenkwellen gekuppelten Radsätzen im harten Industriealltag problemlos einsatzfähig war. Ab Werk waren die drei gebauten, schweren Loks mit einer elektronischen Steuerung ausgerüstet, die sich jedoch nicht bewährte und 1973 durch eine pneumatische ersetzt wurde.

Zwei Lokomotiven kamen später zur Westfälischen Landeseisenbahn (WLE), die sie als WLE 37 und 38 vor schweren Kalksteinzügen einsetzte. Beide Maschinen wurden in den Jahren 1996 und 1997 im Rahmen einer Hauptuntersuchung mit neuen 1500-kW-Caterpillar-Motoren remotorisiert. Das letzte verbliebene Exemplar, Lok 38 der WLE, wurde 2018 nach einem Turboladerbrand abgestellt.

Baureihenbezeichnung:	**DG 1600 CCM**
Radsatzanordnung:	**C'C'**
Anzahl der Motoren:	**1, mittelschnellaufender Zwölfzylinder-Deutz-Motor**
V_{max} (km/h):	**80**
Motorleistung (kW):	**1180**
Motordrehzahl (Umin^{-1}):	**910**
Leistungsübertragung:	**dieselhydraulisch**
Dienstmasse (t):	**118**
Größte Radsatzfahrmasse (t):	**19,7**
Länge über Puffer (mm):	**15440**
Indienststellung:	**1969**
Stückzahl:	**3**

Foto: R. Wirtz

G 1600 BB (MaK)

Wie bei den Stangenloks der ersten MaK-Nachkriegsgeneration und der V 100 PA entwickelten die Kieler auch aus der Bundesbahn-V 90 eine Privatbahnvariante. Sie bauten die ersten Fahrzeuge sogar parallel zum DB-Programm. Wieder wurde ein eigener robuster mittelschnelllaufender Dieselmotor verwendet. Die so genannte V 90 P fand jedoch auch das Interesse der DB und wurde später auch beschafft. Eine leistungsstärkere Weiterentwicklung der V 90 stellte MaK im Jahr 1969 vor. Der knapp 1200 kW starke Dieselmotor der G 1600 BB bezeichneten Lok entsprach einer Steigerung der Motorleistung um über 30 Prozent zur V 90. Um diese Leistung auf den Radsatz übertragen zu können, musste auch das Getriebe entsprechend angepasst werden. MaK baute ein dieselhydraulisches Getriebe mit einer Eingangsleistung von 1100 kW in die neue Baureihe ein. Insgesamt fertigte MaK 16 Fahrzeuge für verschiedene Industriebahnen, u.a. für die Dortmunder Eisenbahn. Zusätzlich entstanden 1971/72 für die Bayerischen Braunkohlen-Industrie (BBI) drei Lokomotiven mit der Antriebstechnik der G 1100 BB (Sechszylinder-Motor mit 1100 PS). WLE, OHE und WHE ließen einige ihrer Loks remotorisieren. Noch immer werden die G 1600 BB bei verschiedenen Privatbahnen in Deutschland und Italien im schweren Güterverkehr eingesetzt.

Baureihenbezeichnung:	G 1600 BB
Radsatzanordnung:	B'B'
Anzahl der Motoren:	1, mittelschnelllaufender Acht-Zylinder-Reihendieselmotor von MaK
V_{max} (km/h):	85
Motorleistung (kW):	1175
Motordrehzahl (Umin^{-1}):	1000
Leistungsübertragung:	dieselhydraulisch, Voith L 720 rs
Dienstmasse (t):	80 bis 100
Größte Radsatzfahrmasse (t):	20 bis 25
Länge über Puffer (mm):	14320
Treibraddurchmesser (mm):	1100
Indienststellung:	1971–1979
Stückzahl:	16+3

Foto: D. Kempf

Baureihe 210 (DB)

Nach den ersten Erfahrungen mit der V 169 entschloss sich die Bundesbahn Ende der 60er-Jahre, einen größeren Versuch mit Gasturbinenboostern in Diesellokomotiven zu wagen. Ausgangsfahrzeug waren die Vorserien-218 mit 1840-kW-Dieselmotor. Im Vergleich zur BR 219 wurde nicht nur die Leistung des Dieselmotors gesteigert, sondern auch die Gasturbinenleistung erheblich angehoben.

Das Triebwerk des amerikanischen Herstellers AVCO-Lycoming wurde in Deutschland von KHD in Lizenz gebaut und war eigentlich zum Einbau in Hubschraubern gedacht. Für insgesamt acht Lokomotiven entwickelte Voith das bis zu diesem Zeitpunkt leistungsfähigste Turbogetriebe für Schienenfahrzeuge mit einer Traktionsleitung von 2256 kW. Die Gasturbine führte lediglich zu einer Gewichtserhöhung von 1,5 Tonnen. Das Voith-Getriebe L 820 wbrs wog jedoch 7,5 Tonnen. Dennoch gelang es den Ingenieuren, das Lokgewicht bei 80 Tonnen zu stabilisieren. Über einen speziellen eigenen Einspeiswandler lieferte die Gasturbine bei Bedarf eine enorme Leistungsreserve und ermöglichte eine Höchstgeschwindigkeit von 160 km/h. Das Getriebe hatte einen zusätzlichen Abtrieb für den elektrischen Heizgenerator.

Alle acht Loks wurden dem Bw Kempten zugeteilt. Mit ihrer Leistungsfähigkeit waren sie prädestiniert für die schweren D-Züge und TEE-Leistungen zwischen München und Lindau. Nach mehreren Schäden legte die DB 1978 die Turbinen still. Sie wurden später ausgebaut und die Lokomotiven zur Baureihe 218.9 umgezeichnet. Anfang der 80er-Jahre gehörten sie zunächst zum Bw Braunschweig, ab 2001 kamen sie nach Stendal. Zwischen 2004 und 2006 wurden alle Loks der Baureihe 218.9 ausgemustert und anschließend verschrottet.

Baureihenbezeichnung:	BR 210 (DB)
Radsatzanordnung:	B'B'
Anzahl der Motoren:	1, 12-Zylinder-V-Dieselmotor von MTU, zusätzliche Gasturbine vom Typ AVCO-Lycoming T 53-L-13 in Lizenz von KHD gebaut
V_{max} (km/h):	160
Motorleistung (kW):	1840 + 845 (Gasturbine)
Motordrehzahl (Umin^{-1}):	1500
Leistungsübertragung:	hydrodynamisch, Voith L 820 wbrs mit Einspeiswandler für Gasturbine
Dienstmasse (t):	80
Größte Radsatzfahrmasse (t):	20
Länge über Puffer (mm):	16400
Treibraddurchmesser (mm):	1000
Indienststellung:	1970
Stückzahl:	8

Foto: H. Schiestl

Baureihe 202 (DE 2500)

Die deutschen Fahrzeughersteller beschäftigten sich, auch wenn die Bundesbahn als größter Auftraggeber eindeutig auf die dieselhydraulische Leistungsübertagung setzte, ebenso mit der weltweit verbreiteteren dieselelektrischen Antriebstechnik, um für den Exportmarkt gerüstet zu sein und den technologischen Anschluss nicht zu verlieren. Bereits 1962 baute Henschel die DE 2000. Die DB mietete die Lok zu Vergleichszwecken mehrere Jahre an. Für die elektrische Ausrüstung war damals Siemens verantwortlich.

1970 startete Henschel gemeinsam mit BBC einen erneuten Versuch. Inzwischen hatte die Technik bedeutende Fortschritte gemacht. In der elektrischen Fahrzeugtechnik begann der Siegeszug der Drehstromtechnologie. Besonders der Einsatz neuartiger Asynchronfahrmotoren war wegweisend auch für spätere E-Loks. Heutzutage werden nahezu alle modernen E-Loks mit diesen unkomplizierten Motoren ausgestattet. Der in der DE 2500 eingebaute MTU-Dieselmotor bewährte sich bereits in der BR 218. Insgesamt baute Henschel drei Lokomotiven, die auch von der DB als 202 002 (weiß lackiert, sechsachsig), 202 003 (rot, vierachsig) und 202 004 (blau, sechsachsig) getestet wurden. Lok 202 003 wurde Anfang der 1980er-Jahre für Hochgeschwindigkeitsversuche mit neu entwickelten Drehgestellen für theoretisch 350 km/h ausgerüstet und erhielt einseitig eine stromlinienförmige Verkleidung. Alle drei Lokomotiven haben als Museumsexponate überlebt.

Baureihenbezeichnung:	202 002 bis 004 (DB)
Radsatzanordnung:	Co'Co' und Bo'Bo'
Anzahl der Motoren:	1, Zwölfzylinder-Viertakt-V-Motor von MTU
V_{max} (km/h):	8140
Motorleistung (kW):	1840
Motordrehzahl (Umin^{-1}):	1500
Leistungsübertragung:	dieselelektrisch
Dienstmasse (t):	80
Größte Radsatzfahrmasse (t):	20
Länge über Puffer (mm):	18000
Treibraddurchmesser (mm):	1080
Indienststellung:	1970
Stückzahl:	3
Bemerkungen: Museumsexponate in Kassel, Mannheim und Berlin	

Foto: F. Seraphin

Baureihe 102^1 (DR)

Die Produktion der zweiachsigen leichten Rangierloks der Baureihen 101 und 102 wurde immer wieder den Anforderungen und den technischen Möglichkeiten angepasst. Nach 80 Lokomotiven der Reihe 102.0 wurde der Entwurf erneut überarbeitet. Die Reichsbahn und der Hersteller in Babelsberg arbeiteten dabei eng zusammen.

Nachdem beim Wechsel von der 101.3 zur 102.0 der Fahrzeugteil nahezu unverändert blieb und nur Motor und Getriebe ausgetauscht wurden, erhielt die ab 1970 gebaute Type 102.1 vor allem einen neuen Lokkasten und behielt den Antriebsteil der 102.0. Einige weitere Veränderungen betrafen die Verstärkung von Lagern, die 102.1 erhielt einen modernen schallisolierten Führerstand, einen Sifa-Schalter und manches mehr. Am auffälligsten war die deutliche Streckung der Lok, die zugunsten eines längeren Achsstands vorgenommen wurde und auch Platz für eine Rangiererbühne schuf. Von der 102.1 bestellte die DR nochmals 157 Stück, die bis 1971 abgeliefert waren. Bei der wiedervereinigten Bahn hießen die verbliebenen Exemplare ab 1992 BR 312.1-2. Bis Anfang der 90er-Jahre bewährten sich die Maschinen im leichten Rangier-, Strecken- und Bauzugdienst. 1994 begann die Ausmusterung. Ende 2001 stellte die DB AG die letzten Exemplare ab.

Baureihenbezeichnung:	**Baureihe 102 (DR)**
Radsatzanordnung:	**B**
Anzahl der Motoren:	**1, Sechszylinder-Viertakt-Reihendieselmotor**
V_{max} (km/h):	**40**
Motorleistung (kW):	**162**
Motordrehzahl ($Umin^{-1}$):	**1510**
Leistungsübertragung:	**dieselhydraulisch, GSU 20/4,2**
Dienstmasse (t):	**24,3**
Größte Radsatzfahrmasse (t):	**12,2**
Länge über Puffer (mm):	**8000**
Treibraddurchmesser (mm):	**1000**
Indienststellung:	**1970**
Stückzahl:	**157**

Foto: L. Zschage

Baureihe 130 (DR)

Neben der Notwendigkeit der allgemeinen Traktionsumstellung von Dampf- auf Diesel- und E-Lokomotiven zeichneten sich in den späten 1960er-Jahren zwei weitere bedeutende Veränderungen im künftigen Schienenverkehr ab: Ein Lokomotivtyp sollte weitgehend universell einsetzbar sein und Reisezüge würden in absehbarer Zeit auf elektrische Heizsysteme umgestellt werden. Grund genug für die Reichsbahn, sich um ein entsprechendes Fahrzeug zu bemühen.

Nachdem gerade die V 200 (siehe Seite 71) mit dieselelektrischer Leistungsübertragung bei der Reichsbahn eingeführt wurde, wandten sich die Verantwortlichen mit ihrem Pflichtenheft wieder an die Lokomotivfabrik Oktober-

Baureihenbezeichnung:	**BR 130 (DR), BR 230 (DB AG)**
Radsatzanordnung:	**Co'Co'**
Anzahl der Motoren:	**1, mittelschnelllaufender 16-Zylinder-Viertakt-V-Motor von Kolomna**
V_{max} (km/h):	**120/140**
Motorleistung (kW):	**2200**
Motordrehzahl (Umin^{-1}):	**1000**
Leistungsübertragung:	**dieselelektrisch**
Dienstmasse (t):	**115**
Größte Radsatzfahrmasse (t):	**20**
Länge über Puffer (mm):	**20620**
Treibraddurchmesser (mm):	**1050**
Indienststellung:	**1970**
Stückzahl:	**80 + 2**

revolution in Lugansk. Eine Motorleistung von 2200 kW sollte den Einsatz sowohl vor schweren Reise- als auch Güterzügen gewährleisten. Dank der dieselelektrischen Komponenten sollte es kein Problem sein, eine elektrische Zugheizung ohne Hilfsdiesel oder zusätzliche Generatoren zu integrieren. Von Anfang an wurden mehrere Varianten für unterschiedliche Einsatzprofile bei unterschiedlichen Höchstgeschwindigkeiten und Motoren mit verschiedenen Leistungen konzipiert. Dabei sollte jedoch eine möglichst große Zahl von Bauteilen in allen Mustern zum Einsatz kommen.

Die ersten Vorauslokomotiven 130 001 bis 011 erreichten die DDR im Jahr 1970. Da die Lokomotiven ein Rückgrat der Dieseltraktion werden sollten, wurden sie von der DR eingehend geprüft. Standen anfangs noch mehrere Motoren zur Diskussion, wurde in die Serienfahrzeuge ausschließlich ein Viertakt-16-Zylinder-Kolomna-Diesel mit Ladeluftkühlung eingebaut, der einen Wechselstromgenerator antrieb. Als Fahrmotoren dienten sechs Tatzlagermotoren.

In den ersten Loks, die bis 1972 ausgeliefert wurden, war noch keine Zugheizung eingebaut. Lediglich die zwei Prototypen 130 101 und 102 aus dem Jahr 1972 waren zu Versuchszwecken mit einer elektrischen Zugheizung ausgestattet. Die frühen Serienlokomotiven waren für eine Höchstgeschwindigkeit von 140 km/h ausgelegt und wurden von der DR als BR 130 geführt. Nach der Wiedervereinigung mutierten die Loks zur Baureihe 230. Die beiden Prototypen mit elektrischer Zugheizung baute die DR später zu Bremsloks um. Seit 1992 fahren sie unter der Baureihenbezeichnung 754. Die Baureihe 230 wurde bei der DB AG zügig ausgemustert. Anfang 1994 stellte das Bw Seddin die letzten Exemplare der Baureihe 230 ab. Mit 230 077, die zuletzt für Bahnlogistik 24 aus Dresden im Einsatz war, gibt es aktuell sogar ein betriebsfähiges Exemplar.

Foto: By Rainerhaufe – Own work, CC BY-SA 4.0, https://commons.wikimedia.org/w/index.php?curid=81796591

Foto: F. Seraphin

Baureihe 131 (DR)

Die elektrische Zugheizung stand nicht ab Beginn der Serienlieferung der BR 130 zur Verfügung, lediglich zwei Vorausloks des Jahres 1972 waren mit den erforderlichen Einrichtungen ausgestattet. Die Heizung ließ auch noch eine Zeit lang auf sich warten, da sie anfangs nicht die benötigte Betriebssicherheit erreichte. Die Reichsbahn entschloss sich daher, zunächst für den Güterzugeinsatz optimierte Lokomotiven zu bestellen. Das bedeutete neben dem Verzicht auf eine Zugheizung auch eine andere Übersetzung der Radsatzgetriebe und folglich eine auf 100 km/h verringerte Höchstgeschwindigkeit. Die Anfahrzugkraft konnte damit erheblich gesteigert werden.

Insgesamt erhielt die Reichsbahn 76 spezielle Güterzugloks. Drei Maschinen der Baureihe 130 wurden später im Raw Cottbus auf den 131-Standard umgebaut. Nach der Wiedervereinigung, verbunden mit dem Zusammenbruch der DDR-Industrie und einem damit verbundenen stark sinkenden Transportaufkommen, war bald kein Bedarf mehr an den zugkräftigen Güterzugdieseln. Sie wurden schon 1992 endgültig abgestellt. Nur wenige Loks gelangten anschließend zu privaten Betreibern. Heute existieren noch rund ein dutzend, teils betriebsfähige Maschinen.

Baureihenbezeichnung:	**BR 131 (DR), BR 231 (DB AG)**
Radsatzanordnung:	**Co'Co'**
Anzahl der Motoren:	**1, mittelschnelllaufender 16-Zylinder-Viertakt-V-Motor von Kolomna**
V_{max} (km/h):	**100**
Motorleistung (kW):	**2200**
Motordrehzahl (Umin^{-1}):	**1000**
Leistungsübertragung:	**dieselelektrisch**
Dienstmasse (t):	**115**
Größte Radsatzfahrmasse (t):	**20**
Länge über Puffer (mm):	**20620**
Treibraddurchmesser (mm):	**1050**
Indienststellung:	**1972**
Stückzahl:	**76 + 3 (Umbau aus BR 130)**

Foto: R. Wirtz

DHG 1200 BB (Henschel)

Ende der 1960er-Jahre arbeiteten einige Diesellokhersteller an neuen Typenprogrammen. Auch Henschel stellte 1972 eine neues Typenprogramm mit drei Grundmustern vor: DHG 300 B, DHG 700 C und die Drehgestellokomotive DHG 1200 BB. Das Besondere an der DHG 1200 BB war, dass Henschel in diese Baureihe ebenfalls ein Turbowendegetriebe des Typ L 5r4 U2 einbaute.
Im Baukastenprinzip konnten die Henschel-Kunden für diese Baureihe unter verschiedenen Motoren unterschiedlicher Leistung aus dem Friedrichshafener MTU-Programm wählen. Der Aufbau der Lok mit Mittelführerstand zeigte die damals modernen kantigen Formen.
Obwohl man in Köln-Deutz gerade den Lokomotivbau eingestellt hatte, konnte Henschel mit diesem Loktyp den nun frei gewordenen Markt nicht erfolgreich besetzen.
Zu den Käufern der DHG 1200 BB gehörte unter anderen auch die Ruhrkohle AG.

Baureihenbezeichnung:	DHG 1200 BB
Radsatzanordnung:	B'B'
Anzahl der Motoren:	1, verschiedene Dieselmotoren von MTU
V_{max} (km/h):	50
Motorleistung (kW):	705 bis 880
Motordrehzahl (Umin^{-1}):	1500 bis 2100
Leistungsübertragung:	hydrodynamisch, Voith L 5r4 U2
Dienstmasse (t):	80
Größte Radsatzfahrmasse (t):	20
Länge über Puffer (mm):	12000
Treibraddurchmesser (mm):	
Indienststellung:	1972
Stückzahl:	12

Foto: D. Hruza

M 1200 BB (Krauss-Maffei)

Anfang der 1970er-Jahre stellten viele deutsche Lokhersteller neue vierachsige Drehgestelllokomotiven mit Gelenkwellenantrieb vor. Das Münchner Traditionsunternehmen Krauss-Maffei präsentierte 1972 die Baureihe M 1200 BB, die im Wesentlichen eine in der Leistung gesteigerte Weiterentwicklung der 1966 vorgestellten Baureihe M 800 BB war. Neben einem stärkeren mittelschnelllaufenden MAN-Dieselmotor mit 780 kW baute Krauss-Maffei in die neue Type auch ein Turbowendegetriebe anstelle des früher eingesetzten Drei-Wandler-Getriebes ein.

Bei späteren Fahrzeugen wurde der MAN-Motor durch ein stärkeres schnelllaufendes MTU-Aggregat ersetzt. Eine Neuheit war auch ein erstmals eingebautes elektronisches Steuerungssystem.

Das Einsatzprofil der KM-Lok war der schwere Rangier- und Streckendienst auf Nebenbahnen. Die letzten beiden von insgesamt elf gebauten Loks dieses Typs erhielt 1978 die Hohenzollerische Landesbahn (HzL). Charakteristisch an den HzL-Fahrzeugen waren die nach vorn abfallenden Vorbauten, die dem Lokführer eine bessere Sicht ermöglichte. Einzelne Loks durchliefen in den letzten Jahren ein Remotorisierungsprogramm.

Baureihenbezeichnung:	M 1200 BB
Radsatzanordnung:	B'B'
Anzahl der Motoren:	1, Zwölf-Zylinder-Dieselmotor von MTU
V_{max} (km/h):	60
Motorleistung (kW):	864
Motordrehzahl ($Umin^{-1}$):	2110
Leistungsübertragung:	dieselhydraulisch, Voith L 5r4 U2
Dienstmasse (t):	68
Größte Radsatzfahrmasse (t):	17
Länge über Puffer (mm):	12200
Treibraddurchmesser (mm):	
Indienststellung:	1978

H. Sangmeister

Baureihe 132 (DR)

Die wichtigste Type der V 300-Familie war die Baureihe 132. Das beweist allein die importierte Stückzahl von über 700 Lokomotiven. In der 132, die ab 1973 aus der Ukraine in die DDR kam, war endlich die geforderte elektrische Zugheizung installiert. Für deren Einbau musste der Lokkasten nochmals um 20 Zentimeter verlängert werden. Außerdem gingen zusätzlich gewonnene Erfahrungen mit den bereits gelieferten Loks der Reihen 130/131 in die Serienproduktion der BR 132 ein. Der Lieferzeitraum betrug neun Jahre. Die neuen Maschinen entsprachen sonst weitestgehend den bereits im Dienst befindlichen Loks, ihre Höchstgeschwindigkeit war jedoch auf 120 km/h begrenzt.

Als sich die innerdeutsche Grenze 1989 öffnete, bestand bald ein großer Bedarf an Dieselloks für den neuen IC- und IR-Verkehr zwischen den ehemals getrennten west- und ostdeutschen Metropolen. Hierfür schien die Baureihe 132, die nun als 232 geführt wurde, prinzipiell geeinigt. Für die Versorgung von Speise- und Bistrowagen war der Umbau einiger Schaltungen erforderlich und um die Höchstgeschwindigkeit auf 140 km/h anheben zu können, erhielten einige Loks die Radsatzgetriebe aus Lokomotiven der ehemaligen BR 130, inzwischen 230, die für eine Höchstgeschwindigkeit von 140 km/h ausgelegt waren. Zur Unterscheidung wurden die Fahrzeuge nach dem Umbau zur BR 234 umgezeichnet. Noch immer spielen die Ludmillas im Cargo-Verkehr eine bedeutende Rolle.

Rund 50 Jahre nach Ihrer Einführung ist der Stern der kräftigen Sechsachser zwar stetig am Sinken, dennoch stehen noch immer mehrere dutzend Exemplare der Baureihe 232 in Diensten der DB AG. Eine ebenso beachtliche Stückzahl fährt für private EVU. Zu den größten Betreibern zählen die Erfurter EBS, die LEG aus Leipzig und die WFL aus Potsdam.

Baureihenbezeichnung:	**BR 132 (DR), BR 232/234 (DB AG)**
Radsatzanordnung:	**Co'Co'**
Anzahl der Motoren:	**1, mittelschnelllaufender 16-Zylinder-Viertakt-V-Motor von Kolomna**
V_{max} (km/h):	**120**
Motorleistung (kW):	**2200**
Motordrehzahl ($Umin^{-1}$):	**1000**
Leistungsübertragung:	**dieselelektrisch**
Dienstmasse (t):	**122**
Größte Radsatzfahrmasse (t):	**20,5**
Länge über Puffer (mm):	**20820**
Treibraddurchmesser (mm):	**1050**
Indienststellung:	**1973**
Stückzahl:	**709**

Foto: A. Kiebler

Baureihe 119 (DR)

Ab Mitte der 60er-Jahre musste die DDR ihren Bedarf an leistungsstarken Großdieselloks bei den sozialistischen Bruderländern decken, so sah es ein Comecon-Abkommen vor. Als erstes wurde die V 200 aus der Sowjetunion importiert, später folgte auch die V 300. Beide Baureihen waren jedoch nicht für den Einsatz auf Nebenbahnen geeignet. Anfang der 1970er-Jahre bestand jedoch ein weiterer Bedarf an Dieselloks des Leistungsprofils der V 180. Eine Wiederauflage der bewährten Baureihe kam jedoch nicht in Frage, auch weil die in der V 180 eingebaute Dampfheizung nicht mehr zeitgemäß war.

Der Auftrag wurde der »Lokomotivfabrik 23. August« in Bukarest erteilt. Die Grundkonzeption entsprach der V 180: Sechs Achsen, zwei Motoren, dieselhydraulische Leistungsübertragung. Es sollte ein möglichst großer Standardisierungsgrad mit den übrigen DR-Dieselloks erreicht werden. Der Prototyp 119 001 wurde 1976 fertig und kam 1977 in die DDR, wo er einer eingehenden Erprobung unterzogen wurde. 1978 folgte eine Vorserie von acht Maschinen. Bis 1985 waren 200 Maschinen abgeliefert. Die wegen ihrer charakteristischen seitlichen Bullaugenfenster scherzhaft »U-Boot« genannten Loks litten anfangs unter erheblichen Kinderkrankheiten, was ihnen den zweiten weniger freundlichen Spitznamen »Karpatenschreck« einbrachte. Qualitätsprobleme und die damit verbundene hohe Zahl an schadhaft abgestellten Loks zwangen die DR bei den fast neuen Loks bereits eine grundlegende Modernisierung mit Bauteilen aus heimischer Produktion durchzuführen. Bei der DB AG wurden die Loks als Baureihe 219 geführt. Die letzten Vertreterinnen schieden im Sommer 2003 aus dem Betriebspark aus. 219 084 blieb als Museumslok erhalten.

Baureihenbezeichnung:	BR 219 (DB AG)
Radsatzanordnung:	C'C'
Anzahl der Motoren:	2, Zwölfzylinder-Viertakt-V-Dieselmotoren
V_{max} (km/h):	120
Motorleistung (kW):	990
Motordrehzahl (Umin^{-1}):	1500
Leistungsübertragung:	hydrodynamisch, GS 30/5,5 VEB Strömungsmaschinen Dresden
Dienstmasse (t):	96
Größte Radsatzfahrmasse (t):	16
Länge über Puffer (mm):	19500
Treibraddurchmesser (mm):	1000
Indienststellung:	1976
Stückzahl:	200

Foto: D. Endisch

Baureihe 142 (DR)

Bereits während der Konzeption der V 300 für die DR mit einer geplanten installierten Leistung von 2200 kW projektierten die Lugansker Ingenieure eine Lokomotive mit erheblich gesteigerter Leistung von knapp 3000 kW unter Beibehaltung möglichst vieler Bauteile aus der Serienproduktion der BR 130, 131 und 132.
Als sich die DR zu einem späteren Zeitpunkt entschloss, ein solches Kraftpaket zu bestellen, war man beim Lokomotivhersteller »Oktoberrevolution« gut vorbereitet. Die wichtigsten Unterschiede der als BR 142 eingereihten Lok bestanden in einem veränderten Turbolader, der für den erhöhten Ladedruck zur Leistungssteigerung des nahezu unveränderten Diesels sorgte, Verstärkungen der Antriebsanlage zur Aufnahme der erhöhten Leistung, geänderte Fahrmotoren sowie eine leistungsfähigere Kühlanlage.
Lediglich sechs Maschinen wurden schließlich importiert und beim Bw Stralsund beheimatet. Seit 1995 sind alle Lokomotiven bei der DB AG ausgemustert und kamen anschließend nach Umbauten zu privaten EVU. So erhielt z.B. die ehemalige 242 003 beim Bauunternehmen Schauffele den Namen »Therese«. Vier der sechs Maschinen wurden zwischenzeitlich nach Polen verkauft. 242 002 gelangte 2021 zur TRI – Train Rental International.

Foto: J. Krantz

Baureihenbezeichnung:	BR 242 (DB AG)
Radsatzanordnung:	Co'Co'
Anzahl der Motoren:	1, mittelschnelllaufender 16-Zylinder-Viertakt-V-Motor von Kolomna mit Hochaufladung
V_{max} (km/h):	120
Motorleistung (kW):	2940
Motordrehzahl (Umin^{-1}):	1000
Leistungsübertragung:	dieselelektrisch
Dienstmasse (t):	124,7
Größte Radsatzfahrmasse (t):	20,8
Länge über Puffer (mm):	20820
Treibraddurchmesser (mm):	1050
Indienststellung:	1977
Stückzahl:	6

Foto: J. Frickel

Baureihe 108 (DR)

Ende der 1970er-Jahre benötigte die DR eine Diesellok für den schweren Rangierdienst. Als Erprobungsmuster diente abermals die Baureihe 110, für die der VEB Strömungsmaschinen Pirna ein hydrodynamisches Wendegetriebe entwickelt hatte. Das Getriebe ermöglichte einen Fahrtrichtungswechsel während des Rangierens ohne Stillstand der Lok. Nach einigen Standversuchen wurde 1978 das neue Getriebe in 110 156 und 110 161 eingebaut. Die ab 1. Januar 1985 als Baureihe 108 bezeichneten Maschinen bewährten sich zwar, der Serienumbau unterblieb jedoch.

Dies änderte sich jedoch, als man nach neuen Einsatzmöglichkeiten für die Loks der Baureihe 111 (siehe Seite 94) suchte. Diese hatte sich für den Zugdienst als zu schwach und für den schweren Rangierdienst aufgrund des fehlenden Stufengetriebes nur als bedingt geeignet erwiesen. Vor diesem Hintergrund entstand die Idee, die Baureihe 111 analog der Baureihe 108 mit einem Strömungswendegetriebe auszurüsten. 111 036 und 111 037 dienten 1990 als Baumuster. Von November 1991 bis August 1993 wurden alle 111er umgebaut und zur Baureihe 298 umgezeichnet. Außerdem wurden 45 Maschinen der Baureihe 110 zur Baureihe 298 umgebaut. Ab Juni 1997 wurden alle 298er mit Funkfernsteuerung und automatischen Rangierkupplungen ausgerüstet.

Für den Betrieb am Ablaufberg erhielten einige Loks eine Schaltung für eine konstante Geschwindigkeit. Im Jahr 2005 ließ die DB AG zunächst vier Loks mit 773-kW-starken Caterpillar-Motoren ausrüsten. Weitere 21 Loks wurden schließlich 2007 remotorisiert. Dabei wurden außerdem eine neue Hauptgelenkwelle, ein neuer Kühlkreislauf und eine veränderte Abgasanlage mit neuem Schalldämpfer eingebaut. Die beiden Maschinen der Baureihe 108 tragen heute die Betriebsnummern 298 050 und 051. Sie gelangten zwischenzeitlich an private EVU.

Baureihenbezeichnung:	**BR 298 (DB AG)**
Radsatzanordnung:	**B'B'**
Anzahl der Motoren:	**1, Zwölfzylinder-Viertakt-V-Motor**
V_{max} (km/h):	**60**
Motorleistung (kW):	**736**
Leistungsübertragung:	**hydrodynamisch, Turbowendegetriebe GS 20-20/4,8**
Dienstmasse (t):	**67**
Größte Radsatzfahrmasse (t):	**16,5**
Länge über Puffer (mm):	**14240**
Treibraddurchmesser (mm):	**1000**
Indienststellung:	**1978**
Stückzahl:	**2**

Foto: H. Sangmeister

Baureihe 112 (DB)

Die Reichsbahn war mit ihrer Baureihe V 100 im Grunde zufrieden. Im alltäglichen Einsatz wünschte man sich lediglich eine etwas höhere Motor- beziehungsweise Traktionsleistung.
Nachdem bereits bei mehreren Maschinen aus der Serienlieferung zu Versuchszwecken leistungsfähigere Motoren probehalber eingebaut worden waren, beschloss die Reichsbahn-Verwaltung, bei planmäßigen Untersuchungen im Raw Stendal einen Großteil der Baureihe 110 mit einem stärkeren 900-kW-Motor auszurüsten. Ansonsten blieben die Lokomotiven weitgehend identisch mit der BR 110. Jedoch erhielten sie zur eindeutigen Kennzeichnung die neue Baureihenbezeichnung 112 unter Beibehaltung der ursprünglichen Ordnungsnummer. Bei der DB AG mutierten die 112 zur BR 202. Die letzten Exemplare der Baureihe 202 musterte DB AG bereits im Jahr 2000 aus. Nur das Tochterunternehmen Erzgebirgsbahn setzt noch die 202 646 vor Sonderzügen, Arbeitszügen und bei der Schneeberäumung ein.
Im Sommer 2022 standen noch mehr als 50 Maschinen für private EVU im Einsatz. Zu den größten Betreibern zählten die BUG Vermietungsgesellschaft, die D&D Eisenbahngesellschaft und die PRESS mit jeweils fünf Exemplaren.

Baureihenbezeichnung:	**BR 202 (DB)**
Radsatzanordnung:	**B'B'**
Anzahl der Motoren:	**1, Zwölfzylinder-Viertakt-V-Dieselmotor**
V_{max} (km/h):	**100**
Motorleistung (kW):	**883**
Motordrehzahl (Umin^{-1}):	**1500**
Leistungsübertragung:	**hydrodynamisch, VEB Strömungsmaschinen Dresden GSR 30/5,7**
Dienstmasse (t):	**64**
Größte Radsatzfahrmasse (t):	**16**
Länge über Puffer (mm):	**13940 bis 14240**
Treibraddurchmesser (mm):	**1000**
Indienststellung:	**1981**
Stückzahl:	**505**

Foto: F. Seraphin

Baureihe 114 (DR)

Ein besonderes Schicksal erfuhr 110 203. Sie wurde im Laufe ihrer Dienstzeit zweimal umgezeichnet, da sie immer wieder zur Erprobung leistungsfähigerer Dieselmotoren herangezogen wurde. Zunächst wurde aus ihr 112 203 (siehe BR 112). Später wurde in Stendal die Leistung ihres Fahrdiesels nochmals auf 1100 kW gesteigert. Nachdem auch mit dieser Motorleistung gute Versuchsergebnisse erzielt wurden, entschloss sich die DR wiederum einen Teil ihrer V 100-Familie auf den neuen Leistungstand anzuheben.

Es entstand die Baureihe 114, die bei der DB AG die Bezeichnung BR 204 annahm. Bei der Leistungsanhebung auf 1100 kW war es jedoch auch notwendig, verschiedene Bauteile zu verstärken. Das betraf das hydrodynamische Getriebe wie auch Kühlanlagen sowie Steuer- und Überwachungseinrichtungen. Von der Baureihe 204 quittierte 2009 das letzte Exemplar den Dienst bei der DB AG.

Einige Loks gelangten nach Ihrer Außerdienststellung nach Bulgarien. Dort waren sie noch einige Jahre für Tochterunternehmen der DB AG im Einsatz. Zwei Loks fuhren 2022 für die Press.

Baureihenbezeichnung:	**BR 204 (DB)**
Radsatzanordnung:	**B'B'**
Anzahl der Motoren:	**1, Zwölfzylinder-Viertakt-V-Dieselmotor**
V_{max} (km/h):	**100**
Motorleistung (kW):	**1100**
Motordrehzahl (Umin^{-1}):	**1500**
Leistungsübertragung:	**hydrodynamisch, VEB Strömungsmaschinen Dresden GSR 30/5,7**
Dienstmasse (t):	**64**
Größte Radsatzfahrmasse (t):	**16**
Länge über Puffer (mm):	**13940 bis 14240**
Treibraddurchmesser (mm):	**1000**
Indienststellung:	**1981**
Stückzahl:	**65**

Foto: D. Hruza

Baureihe 259 DB

Mit der Baureihe DE 2500 von Henschel/BBC begann sich die Drehstromleistungsübertragung mit Asynchronfahrmotoren im Bau elektrischer Triebfahrzeuge durchzusetzen. Dieser technologische Fortschritt wirkte sich auch beim Bau dieselelektrischer Triebfahrzeuge aus. Die neue Technik minderte den Wartungsaufwand und wirkte sich nicht mehr so nachteilig auf das Fahrzeuggewicht aus.

Die Bundesbahn mietete deshalb 1982 vier neuartige Rangierlokomotiven von diversen Herstellern wie Krupp, MaK, Kaelble, Gmeinder, Thyssen und Henschel an. Alle Lokomotiven waren relativ ähnlich: dreiachsig, Mittelführerstand und eine Motorleistung von 500 kW.

Die DB testete die Fahrzeuge im Hinblick auf einen eventuellen Ersatz der V-60-Familie und reihte sie als 259 001 bis 004 während der Erprobung ein. Getestet wurden die Rangierloks beim Bw München 1. Um die Leistungsfähigkeit zwischen DE- und DH-Antrieb vergleichen zu können, mietete die DB zwei Jahre später von Krauss-Maffei nochmals das dieselhydraulische Pendant zur ME 05, die MH 05 an.

Bei der Bundesbahn kam es zu keiner Beschaffung der modernen Fahrzeuge, viele Industriebahnen griffen jedoch auf die modernen Neukonstruktionen der deutschen Fahrzeugindustrie zurück.

Baureihenbezeichnung:	**Krauss-Maffei ME 05**
Radsatzanordnung:	**Co**
Anzahl der Motoren:	**1, Sechs-Zylinder-Viertakt-V-Motor**
V_{max} (km/h):	**50**
Motorleistung (kW):	**500**
Motordrehzahl (Umin^{-1}):	**2200**
Leistungsübertragung:	**dieselelektrisch**
Dienstmasse (t):	**66**
Größte Radsatzfahrmasse (t):	**22**
Länge über Puffer (mm):	**10000**
Treibraddurchmesser (mm):	**1000**
Indienststellung:	**1982**

Foto: F. Seraphin

Baureihe 111 (DR)

Ein Wechsel in der DDR-Verkehrspolitik sorgte ab 1981/82 dafür, dass das Frachtaufkommen bei der DR deutlich anstieg. Um den Bedarf an Güterzugloks kurzfristig zu decken, beschaffte die DR die Baureihe 111. Diese entsprach im Wesentlichen der vom LEW Hennigsdorf aus der V 100.0 abgeleiteten V 100.4. Die für den schweren Rangierdienst auf Werkbahnen entwickelte V 100.4 war nur für 65 km/h zugelassen und besaß eine höhere Reibungsmasse. Die orange lackierten Maschinen hoben sich durch die Rangierbühnen an den Stirnseiten deutlich von der Baureihe 110 und deren Varianten ab. Allerdings erwies sich die Baureihe 111 für den Zugdienst als zu schwach. Und für den schweren Rangierdienst war sie aufgrund des fehlenden Stufengetriebes ebenfalls nur bedingt geeignet. Vor diesem Hintergrund entstand die Idee, die Baureihe 111 (ab 1992: BR 293) analog der Baureihe 108 (siehe Seite 90) mit einem Strömungswendegetriebe auszurüsten. 111 036 und 111 037 dienten 1990 als Baumuster. Von November 1991 bis August 1993 wurden alle 111er umgebaut und zur Baureihe 298.3 umgezeichnet.

Rund zwei Dutzend Loks standen im Sommer 2022 noch im aktiven Dienst bei der DB AG. Sie waren allesamt in Seddin beheimatet.

Baureihenbezeichnung:	BR 293 (DB AG)
Radsatzanordnung:	B'B'
Anzahl der Motoren:	1, Zwölfzylinder-Viertakt-V-Dieselmotor
V_{max} (km/h):	65
Motorleistung (kW):	736
Motordrehzahl (Umin^{-1}):	1500
Leistungsübertragung:	hydrodynamisch, VEB Strömungsmaschinen Dresden GSR 30/5,7
Dienstmasse (t):	62,2
Größte Radsatzfahrmasse (t):	15,5
Länge über Puffer (mm):	14240
Treibraddurchmesser (mm):	1000
Indienststellung:	1982
Stückzahl:	37

Foto: R. Wirtz

DE 1002 (MaK)

Im so genannten dritten Typenprogramm bot MaK eine vierachsige Drehgestelllokomotive mit Mittelführerstand an, die entgegen den zuvor produzierten Modellen nicht auf dieselhydraulische Kraftübertragung baute, sondern bei der die dieselelektrische Leistungsübertragung zum Einsatz kam. Für den elektrischen Teil war BBC zuständig. Die Lok wurde nach den noch jungen Prinzipien der Drehstrom-Technik gebaut, deren größter Vorteil der Einsatz von Drehstrom-Asynchron-Fahrmotoren ist. Sie verlangen zwar eine kompliziertere Steuerelektronik zeichnen sich jedoch durch Wartungsfreundlichkeit und Verschleißarmut aus. Als Generatordiesel wurden sowohl Motoren von MTU oder Motorenwerke Mannheim angeboten.

Größte Kunden für die neue MaK-Baureihe waren die Dortmunder Eisenbahn und die HGK, die allein 16 Lokomotiven der Baureihe DE 1002 beschaffte. Auf der DE 1002 aufbauend baute MaK 120 Loks für die niederländische Staatsbahn NS. Bis zu vier Lokomotiven können dabei in Vielfachtraktion zusammengekuppelt werden. Die Maschinen sind – bis auf wenige Ausnahmen – nach wie vor für verschiedene private EVU aktiv. Der mit Abstand größte Betreiber ist Rheincargo mit 16 Exemplaren.

Baureihenbezeichnung:	**DE 1002**
Radsatzanordnung:	**Bo'Bo'**
Anzahl der Motoren:	**1, Zwölfzylinder-V-Motor von MTU oder MWM**
V_{max} (km/h):	**90**
Motorleistung (kW):	**1120 bis 1320**
Motordrehzahl ($Umin^{-1}$):	**1800**
Leistungsübertragung:	**dieselelektrisch**
Dienstmasse (t):	**80 bis 100**
Größte Radsatzfahrmasse (t):	**20 bis 25**
Länge über Puffer (mm):	**13000**
Treibraddurchmesser (mm):	**1000**
Indienststellung:	**1982–1988**
Stückzahl:	**16 + 8**

Foto: A. Kiebler

Gmeinder D 100 B'B'

Von der Vielzahl der früheren Lokhersteller in Deutschland sind nicht mehr viele übrig geblieben. Manche existieren nicht mehr oder gingen in Fusionen auf, andere wie Deutz haben den Lokomotivbau eingestellt. Im Wesentlichen beherrschen heute der kanadische Bombardier-Konzern, die französische Alstom-Gruppe, Siemens-Transportation-Systems und Vossloh den Lokomotivmarkt.

Im badischen Mosbach behauptete sich über Jahrzehnte die Firma Gmeinder, die bis 2012 im Lokomotivbau tätig war. Neben Modernisierungs- und Umbauprogrammen für Gebrauchtloks bot Gmeinder eine Plattform für Rangier- und Streckenlokomotiven an, bei welcher der Kunde sich im Baukastenprinzip ein Fahrzeug nach seinen Bedürfnissen zusammenstellen konnte.

Eine Type aus dem Programm war die bis 2000 gebaute vierachsige D 100 BB. Sie entsprach den Empfehlungen des Arbeitskreises Standard-Diesellok mit Mittelführerstand. Die Variationsbreite ermöglichte dem Kunden nicht nur die Auswahl unter verschiedenen Motoren von MTU oder Caterpillar sondern auch unter vielen anderen Bauteilen wie etwa Getriebe und Luftverdichter. Die insgesamt zwölf ausgelieferten Exemplare der D 100 BB wurden von der Hohenzollerischen Landesbahn (HzL), den Verkehrsbetrieben Peine-Salzgitter GmbH (VPS) und der Rheinbraun AG geordert. Die HzL trennte sich zwischenzeitlich von ihren Loks. Auch einige Maschinen der VPS wurden verkauft. Sie gelangten zur UTL (Umwelt- und Transportlogistik) aus Singen am Hohentwiel.

Baureihenbezeichnung:	**Gmeinder D 100 B'B'**
Radsatzanordnung:	**B'B'**
Anzahl der Motoren:	**1, verschiedene MTU- oder Caterpillar-Modelle**
V_{max} (km/h):	**40 bis 110**
Motorleistung (kW):	**bis 1500**
Leistungsübertragung:	**dieselhydraulisch, Voith L 5r4 oder L 520**
Dienstmasse (t):	**77,6 bis 82,4**
Größte Radsatzfahrmasse (t):	**19,4 bis 20,6**
Länge über Puffer (mm):	**13090**
Treibraddurchmesser (mm):	**1000**
Indienststellung:	**1985**

Foto: S. Alkofer

Baureihe 214/714 (DB) ab 1988

Die noch jungen Schnellfahrstrecken der DB zwischen Fulda und Würzburg sowie Stuttgart und Mannheim, die teilweise durch hügeliges Land verlaufen, erforderten den Bau einer Vielzahl von Tunnels beträchtlicher Länge. Für den Fall eines Unglücks in einer Tunnelröhre beschaffte die DB ab 1991 spezielle Tunnelrettungszüge. Diese Züge müssen vor allem in der Lage sein, im Brandfall Rettungskräfte möglichst nahe an den Unglücksort zu bringen. Da bei einem Feuer die Fahrleitung nicht sicher zur Verfügung stünde, mussten als Zugmaschinen unbedingt Dieselloks ausgewählt werden.

Der Tunnelrettungszug wird gebildet aus zwei umgebauten Lokomotiven der Baureihe 212, jeweils eine am Zugende. Dazwischen sind mehrere Wagen eingereiht, die verschiedene Funktionen erfüllen.

Äußerlich fallen zunächst diverse Zusatzscheinwerfer an den umgebauten 212 auf. Für den Fall starker Rauchentwicklung können die im Rettungszug als BR 714 bezeichneten Loks aus den direkt hinter den Zugmaschinen eingereihten, gasdichten Wagen mit Hilfe von Kameras ferngesteuert werden. Die 15 umgebauten Maschinen werden noch einige Jahre vor den Rettungszügen zu finden sein, denn sie sollen bis zur Mitte des Jahres 2018 im Werk Bremen modernisiert werden. Dabei erhalten sie u. a. neue Führerhäuser mit Türen, eine neue Steuerung der Elektrik, einen Rußpartikelfilter und neue Kühlanlagen.

Baureihenbezeichnung:	BR 214/714 (DB)
Radsatzanordnung:	B'B'
Anzahl der Motoren:	1, ursprünglich verschiedene Zwölfzylinder-Dieselmotoren von MAN und Mercedes-Benz, später MTU-Motor
V_{max} (km/h):	100
Motorleistung (kW):	990
Motordrehzahl (Umin^{-1}):	1500*
Leistungsübertragung:	hydrodynamisch, Voith L 216 rs
Dienstmasse (t):	65
Größte Radsatzfahrmasse (t):	16,3
Länge über Puffer (mm):	12300
Treibraddurchmesser (mm):	950
Indienststellung:	1962
Stückzahl:	
* MTU MB 12 V 652 TZ	

Foto: D. Endisch

Baureihe 199^{8} (DR)

Eine der kuriosesten Lokomotiventwicklungen der ehemaligen Deutschen Reichsbahn war das so genannte »Harz-Kamel«. Für das relativ umfangreiche meterspurige Schmalspurnetz im Harz benötigte die DR in den 1980er-Jahren eine wirtschaftliche Zukunftsperspektive. Die dort eingesetzten Dampfloks kamen nicht nur langsam in die Jahre, die Dampftraktion ist insgesamt zu personalintensiv und sollte zumindest teilweise ersetzt werden. Die vollständige Neuentwicklung einer Lok wäre bei einem geschätzten Bedarf von 30 Lokomotiven nicht nur zu teuer gewesen, sondern hätte auch Entwicklungs- und Produktionskapazitäten beansprucht.

Die Reichsbahn band die Hochschule für Verkehrswesen in Dresden in das Projekt ein, und das Ergebnis war die Umspurung von Maschinen der Baureihe 110.8. Wegen der geringeren zulässigen Achslasten auf den Schmalspurstrecken war es nötig, das Lokgewicht auf sechs Achsen zu verlagern. Dafür mussten neue Drehgestelle konstruiert und die nötigen Einrichtungen unter stark beengten Verhältnissen verstaut werden. Um die engen Radien der Schmalspurstrecken befahren zu können, wurde am Radsatz der jeweils mittleren Achse eines Drehgestells auf den Spurkranz verzichtet. Weiter waren neue Zug- und Stoßeinrichtungen nötig, die sowohl für den Rollbockverkehr, als auch für das Ziehen normaler Reisezugwagen geeignet waren. Am Ende wurden lediglich zehn Loks der Baureihe 110 umgespurt. Die Harzer Schmalspurbahnen GmbH (HSB) übernahm 1993 alle zehn »Harz-Kamele«, wie die Maschinen genannt wurden. 1998 wurden vier Maschinen verkauft. Von den verbliebenen sechs Loks gehören heute nur noch drei zum Betriebspark. Sie dienen als Rangierlok in Wernigerode (199 861), bestreiten den Güterverkehr auf der Strecke Nordhausen Nord–Unterberg (199 872, 199 874) oder werden für Arbeitszugleistungen genutzt.

Baureihenbezeichnung:	**BR 299.11 (DB)**
Radsatzanordnung:	**C'C'**
Anzahl der Motoren:	**1, Zwölfzylinder-Viertakt-V-Motor**
V_{max} (km/h):	**50**
Motorleistung (kW):	**900**
Motordrehzahl (Umin^{-1}):	**1000**
Leistungsübertragung:	**hydrodynamisch, GSR 30/5,7**
Dienstmasse (t):	**60**
Größte Radsatzfahrmasse (t):	**10**
Länge über Puffer (mm):	**13560**
Treibraddurchmesser (mm):	**850**
Indienststellung:	**1988**
Stückzahl:	**10**

Foto: A. Kiebler

Baureihe DE 1024 (DB)

Nach der DE 2000 aus dem Jahr 1962 und der DE 2500 von 1970 dauerte es bis 1989, ehe die nächste deutsche Strecken-Diesellok mit elektrischer Leistungsübertragung entwickelt wurde. Für den Fahrzeugteil zeichnete MaK verantwortlich, den elektrischen Teil entwickelte wie bei der BR 202 (DE 2500) wieder ABB. Die neue DE 1024 war Teil einer Typenreihe von DE-Loks verschiedener Leitungsklassen von 1200 bis 2650 kW. Von der DE 1024 baute MaK drei Stück, in die ein hauseigener mittelschnelllaufender 12-Zylinder-Dieselmotor mit 2650 kW bei 1000 $Umin^{-1}$ eingebaut wurde. Inzwischen hatte sich die Drehstromtechnik im Lokomotivbau durchgesetzt und wurde auch bei der BR 240 zur Leistungsübertragung gewählt. Da das Einsatzspektrum der Loks auch schwere Reisezüge vorsah, wurde eine entsprechend leistungsfähige Zugheizanlage installiert.

Die in Eigeninitiative von der Fahrzeugindustrie entwickelte Lok wurde zuallererst der DB angeboten. Die mietete auch alle drei Prototypen an und unterzog sie einem intensiven Untersuchungsprogramm. Eine Bestellung erfolgte jedoch nicht. Durch die Wiedervereinigung verfügte die DB ab Anfang der 1990er-Jahre über eine ausreichende Anzahl an Diesellokomotiven. Elektrifizierungsmaßnahmen im Rahmen der Verkehrsprojekte Deutsche Einheit setzten zudem viele weitere Selbstzünder frei. Zuletzt gehörten alle drei DE 1024 der Häfen und Güterverkehr Köln AG. Als letzte Lok der Baureihe schied DE 13 im Jahr 2014 aus dem aktiven Dienst. Im Februar 2021 wurde mit DE 12 das letzte verbliebene Exemplar verschrottet.

Baureihenbezeichnung:	**BR 240 (DB)**
Radsatzanordnung:	**Co'Co'**
Anzahl der Motoren:	**1, mittelschnellaufender 12-Zylinder-Dieselmotor von MaK**
V_{max} (km/h):	**160**
Motorleistung (kW):	**2650**
Motordrehzahl ($Umin^{-1}$):	**1000**
Leistungsübertragung:	**hydrodynamisch, Voith L 218 rV**
Dienstmasse (t):	**126**
Größte Radsatzfahrmasse (t):	**21**
Länge über Puffer (mm):	**20960**
Treibraddurchmesser (mm):	**1016**
Indienststellung:	**1989**
Stückzahl:	**3**
Verbleib:	**verschrottet**

Foto: A. Dollinger

Baureihe 364/365

Im Lauf der späten 1980er- und 1990er-Jahre wurden viele Lokomotiven der Baureihe 360 und vor allem der Baureihe 361 mit einer Funkfernsteuerung nachgerüstet. Um sie von den übrigen Fahrzeugen zu unterscheiden, erhielten die Lokomotiven mit Funkfernsteuerung eine neue Baureihenbezeichnung. Aus Loks der Baureihe 360 wurde die BR 364 und die Maschinen der Baureihe 361 mit Funkfernsteuerung hießen ab 1990 BR 365. Der Einbau von Caterpillar-Dieselmotoren mit 480 kW Leistung in die funkferngesteuerten V 60er ließ ab 1998 nochmals zwei neue Baureihen entstehen. Aus der Baureihe 364 wurde nach dem Umbau die 362, analog zeichnete man die 365 in 363 um (siehe Seite 118). Noch immer sind die verkehrsroten Lokomotiven der ehemaligen Baureihe V 60 bei der DB im Einsatz, einige bereits seit mehr als sechs Jahrzehnten. Dabei handelt es sich aber fast ausschließlich um Maschinen der Baureihen 362 und 363. Im Sommer 2022 waren nur noch zwei aktive 365 bei der DB AG-Tochter RAB ZugBus in Ulm gelistet, eine davon in Ozeanblau/Beige. Weitere Exemplare fahren für private EVU.

Baureihenbezeichnung:	BR 364 (DB)	BR 365 (DB)
Radsatzanordnung:	C	C
Anzahl der Motoren:	1, Zwölfzylinder-Viertakt-Dieselmotor von MTU	1, Sechszylinder-Viertakt-Dieselmotor von MTU
V_{max} (km/h):	60	60
Motorleistung (kW):	480	480
Motordrehzahl ($Umin^{-1}$):	1400	1400
Leistungsübertragung:	hydrodynamisch, Voith L 37 zUb und L 27 zUb	hydrodynamisch, Voith L 37 zUb und L 27 zUb
Dienstmasse (t):	48,3	54
Größte Radsatzfahrmasse (t):	16,1	18
Länge über Puffer (mm):	10450	10450
Treibraddurchmesser (mm):	1250	1250
Indienststellung:	1956	1955
Stückzahl:		

Foto: J. Frickel

Baureihe 104 (DR)

Der Dieselverbrauch der V 60 der DR war zu hoch. Da der Motor nur selten im Volllastbereich arbeitete, sondern vielmehr im Teillast- oder Leerlaufbetrieb lief, sollte die Baureihe diesen Erfahrungen angepasst werden. Deshalb ließ die Reichsbahn im Jahr 1984 in die Lok 106 900 versuchsweise einen Sechszylinder-Dieselmotor mit 365 kW einbauen. Damit wurde der Kraftstoffverbrauch zwar gesenkt, aber der Umbauaufwand war zu groß. Einfacher war es, die Motordrehzahl der in den 105/106-Serienfahrzeugen installierten Zwölfzylinder von 1500 Umin^{-1} auf 1100 Umin^{-1} herabzusetzen und ein neues Zwei-Wandler- Getriebe vom Hersteller Strömungsmaschinen Dresden einzubauen. Durch den Einbau des auf 365 kW gedrosselten Motors des Typs 12 KVD 21-3 und eines geänderten Strömungsgetriebes konnte die DR den Kraftstoffverbrauch der V 60.12 erheblich verringern.

Die Anfahrzugkräfte waren anschließend etwa vergleichbar zur Baureihe 105/106, die Höchstgeschwindigkeit reduzierte sich jedoch auf 44 km/h. Die zwischen 1989 und 1992 so umgebauten 80 Maschinen wurden unter Beibehaltung ihrer Ordnungs-Nr. zur Baureihe 104 umgezeichnet. Mit der Einführung der einheitlichen Betriebs-Nr. zwischen DB und DR wurde aus der Baureihe 104 die 344.

1993 verließen die letzten Maschinen der Baureihe 344 das Raw Chemnitz. Wirtschaftlich war der Umbau kein Erfolg. Die in der Praxis erzielte Kraftstoffeinsparung spielte nun keine Rolle mehr. Aufgrund ihrer anderen Motoren und Strömungsgetriebe war die Baureihe 344 im Vergleich zu den Baureihen 345/346.2–9 eine Splittergattung. Die Deutsche Bahn AG (DB AG) hatte kein Interesse an einem langfristigen Einsatz der Baureihe 344. Viele Maschinen wurden daher noch vor Ablauf ihrer Untersuchungsfristen abgestellt. 2001 hatte die Type nach nicht einmal zehn Jahren im Plandienst ausgedient.

Baureihenbezeichnung:	Baureihe 344 (DB AG)
Radsatzanordnung:	D
Anzahl der Motoren:	1
V_{max} (km/h):	?
Motorleistung (kW):	365
Motordrehzahl (Umin^{-1}):	1100
Leistungsübertragung:	dieselhydraulisch, GS 20/4,9 AR
Dienstmasse (t):	55
Größte Radsatzfahrmasse (t):	13,8
Länge über Puffer (mm):	10880
Treibraddurchmesser (mm):	1100
Indienststellung:	1991
Stückzahl:	80

Foto: J. Frickel

Baureihe 229 (DR und DB AG)

Anfang der 90er-Jahre bestand für zahlreiche neue Züge im innerdeutschen Verkehr ein hoher Bedarf an Diesellokomotiven, da die ehemaligen Transitstrecken meist nicht elektrifiziert waren. Dafür sollte Krupp in Essen 20 Loks der Baureihe 219 grundlegend modernisieren. Neue leistungsfähigere Motoren und eine erheblich verstärkte Zugheizung für schwere IC-Züge waren die wichtigsten Anforderungen.

Das Problem der BR 219 war, dass bei voller Zugheizleistung (etwa 400 kW) nur rund 1600 kW Traktionsleistung zur Verfügung standen. Für das angeforderte Einsatzprofil wäre der Einsatz in Doppeltraktion unvermeidlich gewesen. Krupp baute deshalb zwei 1400-kW-Motoren, ein neues der erheblich erhöhten Eingangsleistung angepasstes Turbogetriebe und eine Zugheizung mit einer Leistung von 800 kW ein. Der Führerstand wurde modernisiert und die Höchstgeschwindigkeit auf 140 km/h angehoben. Außerdem wurden Zugfunk und Sicherungseinrichtungen so angepasst, dass die Loks uneingeschränkt im Bereich der ehemaligen Bundesbahn verkehren durften. Die neue Baureihe 229 war nun geeignet, schwere IC- und IR-Züge zu ziehen. Doch schon 1999 begann die DB AG damit, die erst wenige Jahre alten Maschinen der Baureihe 229 abzustellen. Bereits im Juli 2001 schied die letzte aus. Vier Maschinen übernahm DB Netz: 229 100, 126, 147 und 181. 229 181 war zuletzt noch für die CLR (Cargo Logistik Rail Service) aus Barleben im Einsatz.

Baureihenbezeichnung:	**BR 229 (DB AG)**
Radsatzanordnung:	**C'C'**
Anzahl der Motoren:	**2, Zwölfzylinder-Viertakt-V-Dieselmotoren**
V_{max} (km/h):	**140**
Motorleistung (kW):	**1380**
Motordrehzahl ($Umin^{-1}$):	**1800**
Leistungsübertragung:	**hydrodynamisch, GS 30/5,5 VEB Strömungsmaschinen Dresden**
Dienstmasse (t):	**96**
Größte Radsatzfahrmasse (t):	**16**
Länge über Puffer (mm):	**19500**
Treibraddurchmesser (mm):	**1000**
Indienststellung:	**1991**
Stückzahl:	**20**

Foto: A. Dollinger

Baureihe 294/295/294⁹ (ab 1995)

In Analogie zur 360/361, die nach ihrer Nachrüstung mit Funkfernsteuerung als Baureihen 364/365 geführt wurden, erhielten auch die auf gleiche Weise modifizierten Maschinen der Baureihen 290/291 eine neue Bezeichnung. Aus den Loks BR 290 wurde die neue Baureihe 294 und analog wurde aus 291 die neue Baureihe 295. Durch den Einbau neuer Motoren mit 1.000 kW Leistung in zehn Loks der Reihe 294 im Jahr 2000 entstand die Unterbaureihe 294^{95}. Die 294 951 bis 960 fahren im schweren Hüttenverkehr des Saarlandes. Durch Remotorisierung der 290/294 mit dem abgasarmen MTU-Motor 8V4000R41 (1.000 kW) entstanden ab 2003 die Unterbaureihen $290^{5}/294^{5}$. Für den zentral funkferngesteuerten Einsatz auf großen Rangierbahnhöfen baute man ab 2004 einige 290er zur Baureihe 296 um. Die Einsatzorte der Baureihe 295 liegen meist in Norddeutschland. Inzwischen wurden viele Loks durch die neuen Gravita-Baureihen 261 und 265 abgelöst, nach dem Rückzug des Herstellers Voith nahm die DB AG jedoch von weiteren Investitionen Abstand und setzte wiederum auf die bewährte V 90. So waren im Sommer 2022 noch gut 300 Exemplare der Baureihe 294 und rund ein Dutzend 295 im Einsatz. Nach aktuellem Stand sollen die Maschinen durch Zweikraftloks aus der Siemens Vectron-Familie (Baureihe 249) ersetzt werden. Parallel werden aktuell 294 789 und 832 im Zuge des HELMS-Projekts zu Hybridlokomotiven umgebaut. Einige 294 und 295 verkaufte die DB AG bereits an private EVU.

Baureihenbezeichnung:	BR 294 (DB)	BR 295 (DB)	294[9]
Radsatzanordnung:	B'B'	B'B'	B'B'
Anzahl der Motoren:	1, Zwölfzylinder-V-Dieselmotor von MTU	1, mittelschnelllaufender Acht-Zylinder-Reihendieselmotor von MaK	
V_{max} (km/h):	80	80	80
Motorleistung (kW):	810	809	
Motordrehzahl (Umin^{-1}):	1400	930	
Leistungsübertragung:	hydrodynamisch, Voith L 206 rs	hydrodynamisch	
Dienstmasse (t):	80	80	
Größte Radsatzfahrmasse (t):	20	20	20
Länge über Puffer (mm):	14000	14000	14000
Treibraddurchmesser (mm):	1100	1100	1100
Indienststellung:	1964 (Serie)	1966 (Prototypen)	ab 1995
Stückzahl:			

Foto: F. Seraphin

Foto: F. Seraphin

Baureihe DE-AC 33 C »Blue Tiger«

Im hart umkämpften Markt der Güterzuglokomotiven mit mehr als 2000 kW Leistung trat Adtranz 1996 mit einer sechsachsigen Maschine mit knapp 2500 kW Leistung und dieselelektrischer Leistungsübertragung an. Gemeinsam mit dem amerikanischen General-Electric-Konzern, der für den Antrieb einschließlich Diesel- und Fahrmotoren verantwortlich war, plante man von Anfang an eine Lok für den Weltmarkt.

Das Lichtraumprofil wurde so stark beschnitten, dass auch der Bau schmalspuriger Fahrzeuge möglich wurde. Am Zwölfzylindermotor ist direkt der Drehstromgenerator angeflanscht. Die sechs Asynchronfahrmotoren sind als Tatzlagermotoren ausgeführt. Als »Blue Tiger« wurde die ungewöhnliche Lok auch auf deutschen Gleisen bekannt.

Die DB AG testete den Tiger ausgiebig im Plandienst, bestellte jedoch keine Loks. Erst zur Innotrans im Jahr 2002 konnte die Firma Bombardier, die in der Zwischenzeit den Adtranz-Konzern übernommen hatte, den ersten offiziellen Verkauf einer DE 2500 an die Mindener Kreisbahn vermelden. Zwischen Prototyp und erstem Serienfahrzeug gab es deutliche, auch äußerlich erkennbare Veränderungen. Erst seit Dezember 2003 erlaubt das Eisenbahn Bundesamt (EBA), den Blue Tiger freizügig auf deutschen Gleisen einzusetzen. Ende 2004 erhielt sie die Zulassung zum Befahren von Steilstrecken. Anfang 2005 kündigte Bombardier an, nur noch Loks zu fertigen, wenn eine größere Anzahl bestellt wird. Insgesamt wurden neben dem Prototyp zehn Serienloks für den deutschen Markt, 30 für Pakistan und 20 für Malaysia hergestellt. In Deutschland setzen die Havelländische Eisenbahn AG, ITL Eisenbahngesellschaft und die Osthannoverschen Eisenbahnen die Maschinen ein.

Nachdem die OHE zuletzt ihre Loks an die HVLE verkaufte, sind Captrain ITL (2 Loks) und die HVLE (8 Loks) die einzigen verbliebenen Betreiber. Der Prototyp (250 001) wurde Anfang 2022 verschrottet.

Baureihenbezeichnung:	**BR 250 (DB AG)**
Radsatzanordnung:	**Co'Co'**
Anzahl der Motoren:	**1, Zwölfzylinder-V-Dieselmotor von General Electric**
V_{max} (km/h):	**60**
Motorleistung (kW):	**2460**
Motordrehzahl (Umin^{-1}):	**1050**
Leistungsübertragung:	**dieselelektrisch**
Dienstmasse (t):	**108 bis 126**
Größte Radsatzfahrmasse (t):	**18 bis 21**
Länge über Puffer (mm):	**22000**
Treibraddurchmesser (mm):	**1070**
Indienststellung:	**1995–2003**
Stückzahl:	**1 + 10**

Foto: F. Seraphin

ME 26 (Siemens) / DE 2700 (Vossloh)

Die Geschichte der ME 26 steht unter einem unglücklichen Stern. Siemens und MaK entwickelten die Baureihe für die norwegische Staatsbahn NSB. Mit einer Motorleistung von 2650 kW sollte sie als neue Universallokomotive Di6 vor schweren Güterzügen und dank einer Zugheizung auch vor schnellen Personenzügen zum Einsatz kommen. Sie war als Ersatz für die in die Jahre gekommenen Nohabs gedacht. Die Di6, deren Entwicklung auf der DE 1024 (BR 240 der DB) beruhte, bereiteten jedoch immer wieder gravierende Probleme: Zwei der zwölf gelieferten Fahrzeuge brannten aus, eine erlitt einen Unfallschaden. Nachdem das Herstellerkonsortium Siemens/MaK ein Ultimatum zur Beseitigung der Mängel nicht einhalten konnte, gab die NSB elf Loks zurück. Siemens musste den bereits bezahlten Kaufpreis plus Schadenersatz zurückzahlen. Um keinen Totalverlust zu erleiden, wurden die Maschinen bei Siemens überarbeitet und dem hauseigenen Lokpool »Siemens Dispolok« zugeteilt. Seitdem wurden die nun ME 26 genannten Fahrzeuge vor allem an die luxemburgische CFL und verschiedene deutsche EVU vermietet.

Im November 2003 erwarb Vossloh alle zwölf Loks. Abermals wurden sie überarbeitet und ab Dezember 2005 als DE 2700 an die Nord-Ostsee-Bahn (NOB) vermietet, die damals den Personenverkehr auf der Marschbahn zwischen Hamburg und Westerland übernahm. Die NOB setzte die meisten Maschinen bis Dezember 2016 auf dieser Strecke ein.

Im Sommer 2022 waren noch zehn Exemplare im Einsatz. 251 004, 008, 009 und 011 laufen für Hectorrail vor Kesselwagen-Ganzzügen. Drei Loks gehören der HLG (Holzlogistik & Güterbahn) aus Bebra, weitere drei Maschinen werden im Sylt-Verkehr der RDC eingesetzt.

Baureihenbezeichnung:	**ME 26**
Radsatzanordnung:	**Co'Co'**
Anzahl der Motoren:	**1, Zwölfzylinder-Dieselmotor von MaK**
V_{max} (km/h):	**160**
Motorleistung (kW):	**2650**
Motordrehzahl ($Umin^{-1}$):	**1000**
Leistungsübertragung:	**dieselelektrisch**
Dienstmasse (t):	**122**
Größte Radsatzfahrmasse (t):	**20,3**
Länge über Puffer (mm):	**20960**
Treibraddurchmesser (mm):	**1060**
Indienststellung:	**1996**
Stückzahl:	**12**

Foto: H. Sangmeister

G 1206 BB

Seit 1998 verkauft Vossloh das Modell G 1206 BB. Die G 1206 ist als Universalgüterzug- und Rangierlokomotive ausgelegt und basiert auf dem modularen Konzept der Kieler, das möglichst vereinheitlichte Diesellokomotiven zwischen 400 und 2000 kW ermöglicht. Ein möglichst hoher Standardisierungsgrad soll bei der jüngsten Generation Kieler Loks Robustheit, hohe Verfügbarkeit und geringe Life-Cycle-Costs (= Unterhaltskosten des gesamten Fahrzeuglebens) garantieren.

Ursprung der G 1206 waren die G 1201/1202 mit 665- beziehungsweise 945 kW Motorleistung, die als völlige Neukonzeptionen für vierachsige Drehgestellloks 1978 erstmals vorgestellt wurden. Es folgten im Jahr 1982 die Typen G 1203/1205 mit einer Leistung von 745 beziehungsweise 1120 kW. Das Gewicht der Loks konnte zwischen 70 und 100 Tonnen variieren, je nach Bedürfnis des Bestellers. 1991 baute Vossloh erstmals die G 1205 für Eisenbahn und Häfen in Duisburg. Die G 1205 mit einem Caterpillar-Motor mit 1120 kW Leistung wurde erstmals mit dem neuen Voith-Turbowendegetriebe L 5 r4 zU2 ausgerüstet, das eine maximale Eingangsleistung von 1400 kW besitzt. 1998 wurde die Leistungsfähigkeit dieser Lok-Familie durch den Einbau eines 1500-kW-Caterpillar-Diesels nochmals gesteigert. Die G 1206 hat sich inzwischen zu einem beliebten Modell bei vielen Privat- uns Staatsbahnen in ganz Europa entwickelt. Bei der Schweizer SBB heißt das G 1206-Pendant Am 843. Für den schweren Rangierdienst entwickelte Vossloh die seit 2007 gebaute Type G 1206-2. Sie besitzt eine Maschinenanlage mit geringerer Leistung und einem für niedrige Geschwindigkeiten optimierten Traktionsverhalten. Alle übrigen Komponenten der Lok sind baugleich mit der bewährten G 1206. Mehr als 80 Maschinen sind für private EVU und Werksbahnen in ganz Deutschland im Einsatz. Zu den größten Betreibern gehört die DB AG-Tochter MEG.

Baureihenbezeichnung:	G 1206 BB	G 1206-2
Radsatzanordnung:	B'B'	B'B'
Anzahl der Motoren:	1, verschiedene Dieselmotoren von Caterpillar oder MTU	1, Caterpillar 3508B DI TA
V_{max} (km/h):	80 bis 100	50
Motorleistung (kW):	1500 bis 1570	920
Motordrehzahl ($Umin^{-1}$): 1800	1800	
Leistungsübertragung:	hydrodynamisch Voth L 5r4 zU2i	hydrodynamisch Voith L 4r4 zeU2
Dienstmasse (t):	87,3 bis 90	87,3
Größte Radsatzfahrmasse (t):	bis 22,5	bis 22
Länge über Puffer (mm):	14700 bis 15300	14700
Treibraddurchmesser (mm):	1000	1000
Indienststellung:	1998–2016	2007–2011
Stückzahl:	323	11

Foto: R. Wirtz

Baureihe DH 1004

Der rückgängige Güterverkehr nach der Wiedervereinigung machte viele Dieselloks überflüssig. DB und DR begannen bereits Anfang der 1990er-Jahre, betagte Lokomotiven abzustellen und meist auch zu verschrotten. Seit 1994 hatten die nach der Bahnreform entstandenen neuen EVU einen großen Bedarf an zuverlässigen und vielseitigen Dieselloks. Einige Fahrzeuge entgingen dem Schneidbrenner, gelangten auf den Markt und wurden im Auftrag verschiedener Privatbahnen modernisiert. Die Firma »OnRail« Gesellschaft für Eisenbahnausrüstung und Zubehör aus dem nordrhein-westfälischen Mettmann hat sich auf den Verkauf und die Vermietung von gebrauchten, modernisierten und neuen Waggons sowie Lokomotiven spezialisiert. Unter der Bezeichnung Regio-Lok bot »OnRail« zwischen 1997 und 2003 eine Lok an, die aus einer ehemaligen BR 211 der Bundesbahn entstand. Von der ehemaligen V 10010 wurden Drehgestelle, Rahmen und Getriebe übernommen, der Rest wurde neu gebaut. Den Umbau führte Vossloh im Auftrag von »OnRail« im Werk Moers durch. Die Nähe zu Vossloh sieht man den fertiggestellten Exemplaren der DH 1004 auch an, die ein wenig an ein G 1205 erinnert. Für den Kunden boten diese Lokomotiven den Vorteil deutlich reduzierter Anschaffungskosten. Abnehmer für die modernisierten V10010 waren unter anderen die NIAG in Moers, die Dürener Kreisbahn und die Teutoburger Waldeisenbahn. Die Maschinen fahren nach wie vor für verschiedene private EVU, größter Betreiber ist die Captrain-Gruppe mit vier Exemplaren.

Baureihenbezeichnung:	**Baureihe DH 1004**
Radsatzanordnung:	**B'B'**
Anzahl der Motoren:	**1, Zwölfzylinder-V-Dieselmotor von MTU**
V_{max} (km/h):	**65/100 (Rangiergang/ Streckengang)**
Motorleistung (kW):	**1030**
Motordrehzahl (Umin^{-1}):	**-**
Leistungsübertragung:	**dieselhydraulisch**
Dienstmasse (t):	**72**
Größte Radsatzfahrmasse (t):	**18**
Länge über Puffer (mm):	**12100**
Treibraddurchmesser (mm):	**950**
Indienststellung:	**1997–2003**
Stückzahl:	**8**

Baureihe 362/363 (ab 1998)

Foto: A. Dollinger

Bis ins Jahr 1982 wurde keine der Lokomotiven der V-60-Familie ausgemustert. Lediglich zwei Loks wurden nach Unfällen verschrottet. Danach wurden einige nicht mehr benötigte 260 und 261 abgestellt und als Ersatzteilspender herangezogen oder ins Ausland verkauft. Auch nach über 40 Jahren im Betriebseinsatz war das Ende für viele der Loks der V-60-Familie noch nicht abzusehen. Zum Jahrtausendwechsel befanden sich noch über 500 Lokomotiven im Bestand der DB AG. Ab 1998 ließ die DB AG viele Fahrzeuge sogar nochmals modernisieren.

Zahlreiche Lokomotiven erhielten neue Caterpillar-Dieselmotoren mit einer Leistung von 480 kW. Aus den neu motorisierten Dreikupplern der Reihe 364 wurde jetzt die neue Baureihe 362 und die schwereren Loks der Reihe 365 heißen nach ihrem Umbau 363. Auch nach sechs Jahrzehnten im harten Rangierdienst halten sich die Loks wacker. Im Sommer 2022 waren noch rund 40 Exemplare der Baureihe 362 und 70 der Baureihe 363 im Bestand der DB AG gelistet. Dazu kommen zahlreiche farbenfrohe Maschinen bei privaten EVU.

Baureihenbezeichnung:	BR 362 (DB)	BR 363 (DB)
Radsatzanordnung:	C	C
Anzahl der Motoren:	1, Zwölfzylinder-Viertakt-Dieselmotor von MTU	1, Sechszylinder-Viertakt-Dieselmotor von MTU
V_{max} (km/h):	60	60
Motorleistung (kW):	480	480
Motordrehzahl ($Umin^{-1}$):	1400	1400
Leistungsübertragung:	hydrodynamisch, Voith L 37 zUb und L 27 zUb	hydrodynamisch, Voith L 37 zUb und L 27 zUb
Dienstmasse (t):	48,3	54
Größte Radsatzfahrmasse (t):	16,1	18
Länge über Puffer (mm):	10450	10450
Treibraddurchmesser (mm):	1250	1250
Indienststellung:	1956	1955
Stückzahl:		

Class 66 (GM-EMD) / Baureihe 247 (DB AG)

Foto: S. Alkofer

Für Lokomotiven, die eine höhere Leistung als 2000 kW am Radsatz entwickeln sollen, ist der dieselelektrische Antrieb eine wichtige Alternative. Der weltgrößte Diesellokhersteller, die Electromotive Division (EMD) von General Motors (GM) mit einer Erfahrung von mehr als acht Jahrzehnten im Bau von DE-Loks, bot zwischen 1998 und 2016 eine spezielle Type für den kontinentaleuropäischen Markt an: Die JT42CWR, besser bekannt als »Class 66«, ein Name den die Lok ihrem Einsatz in Großbritannien verdankt.

Die sechsachsige Güterzugmaschine hat ein Gewicht von 126 Tonnen und einen 2350-kW-Dieselmotor. Mit einer Anfahrzugkraft von 409 kN ist sie prädestiniert für den Einsatz vor schweren Zügen. Die flach gebaute Lok erfüllt die Anforderungen an das Lichtraumprofil vieler europäischer Bahnverwaltungen und hat u. a. eine Zulassung für Großbritannien, Deutschland, die Niederlande, Belgien, Norwegen und Schweden. In Deutschland setzte als erste die HGK die Class 66 ein. Außerdem kommen Lokomotiven ausländischer EVU häufig nach Deutschland.

Seit 2005 wurde die Lok in der emissions-ärmeren Variante JT42CWRM angeboten, die die Abgasnormen der EU Stufe IIIa erfüllte. Bei ähnlichem Leistungsprofil sorgten zusätzliche Einbauten für ein Mehrgewicht von fast fünf Tonnen. Um Gewicht zu sparen reduzierten die Ingenieure u. a. das Tankvolumen um 1400 Liter. Auch äußerlich gab es einige Veränderungen. Dazu zählt eine dritte Tür auf einer Seite sowie ein zweiteiliges Führerhausseitenfenster und größere Lüfterjalousien.

Die französische Tochtergesellschaft Euro Cargo Rail (ECR) der Deutschen Bahn AG besitzt 60 Lokomotiven dieser Bauart und bezeichnet die Lokomotiven als Class 77. Seit Oktober 2010 werden 31 davon in Deutschland eingesetzt. Sie sind seit 2011 bei DB Cargo als DB-Baureihe 247 im Einsatz.

Europaweit sind 651 Loks der Class 66 und ihrer Varianten im Einsatz. Die letzte für den EU-Markt ausgelieferte Lokomotive dieser Baureihe wurde am 12. Februar 2016 an die Bahngesellschaft GB Railfreight übergeben. In Deutschland sind neben einigen Maschinen privater Betreiber, wie etwa Rheincargo, auch 31 Exemplare für die DB AG-Tochter EuroCargoRail als Baureihe 266 unterwegs. Künftig soll das Unternehmen als DB Cargo France firmieren.

Baureihenbezeichnung:	**JT42CWR**
Radsatzanordnung:	**Co'Co'**
Anzahl der Motoren:	**1, Zwölfzylinder-Dieselmotor von General Motors**
V_{max} (km/h):	**121**
Motorleistung (kW):	**2240**
Motordrehzahl (Umin^{-1}): -	**900**
Leistungsübertragung:	**dieselelektrisch**
Dienstmasse (t):	**126**
Größte Radsatzfahrmasse (t):	**21**
Länge über Puffer (mm):	**20100**
Treibraddurchmesser (mm):	**1120**
Indienststellung:	**1998**
Stückzahl:	**651**

Foto: Jan Reiners

Baureihe DH 1504

Da die BR 216 nur über eine Dampfheizung verfügt, hatte die DB AG außer im Güterverkehr keine Verwendung mehr für die in die Jahre gekommenen Lokomotiven und begann in den 1990er-Jahren massiv mit der Ausmusterung, die inzwischen beinah abgeschlossen ist. Mehrere Exemplare konnte die Firma »OnRail« für ein von ihr entwickeltes Umbauprogramm erwerben. Im Gegensatz zur DH 1004 von »OnRail«, die nur noch von der Grundform an eine ehemalige BR 211 erinnert, ist die Verwandtschaft zum Ausgangsmodell bei der DH 1504 noch deutlich zu sehen.

Der Lokkasten musste bei diesem Umbau übernommen werden, da er eine selbsttragende Konstruktion ist. Von der ehemaligen V 160 wurden außerdem die Drehgestelle und das Getriebe weiter verwendet. Neu sind der Motor, die Führerstände, die Installationen und eine Funkfernsteuerung. Von außen fallen besonders die großzügigen Rangiererbühnen über der Pufferbohle auf.

Die Umbauten wurden wie bei der DH 1004 bei Vossloh und im Werk Chemnitz der DB AG durchgeführt. Der erste Kunde war die Mindener Kreisbahn (MKB). Weitere Kunden waren unter anderen die Osthannoverschen Eisenbahnen (OHE) und die Moerser NIAG. Insgesamt wurden sechs dieser Loks gebaut. Weitere Umbauten unterblieben, u. a. weil geeignete Spenderloks kaum zu beschaffen waren. Heute fahren je zwei der sechs gebauten Exemplare für die NIAG und die Weser-Ems Eisenbahn (WEE), je eine Lok gehört der OHE und der MWB.

Baureihenbezeichnung:	**Baureihe DH 1504**
Radsatzanordnung:	**B'B'**
Anzahl der Motoren:	**1, Zwölfzylinder-V-Dieselmotor von MTU**
V_{max} (km/h):	**90/120 (Rangiergang/Streckengang)**
Motorleistung (kW):	**1500**
Motordrehzahl ($Umin^{-1}$):	**1800**
Leistungsübertragung:	**dieselhydraulisch, Voith L 821 rs**
Dienstmasse (t):	**80**
Größte Radsatzfahrmasse (t):	**20**
Länge über Puffer (mm):	**16800**
Treibraddurchmesser (mm):	**1000**
Indienststellung:	**1998–2003**
Baujahre:	**1998–2003**

Foto: H. Sangmeister

Baureihe 241 (DB AG)

Die DB ließ ab 1997 nochmals einen starken Kolomna-Motor in die 232 237 einbauen, die fortan 232 800 hieß. Hintergedanke war, für den grenzüberschreitenden Güterverkehr in Länder mit zum deutschen System differierenden Stromsystemen wie Holland und Belgien besser aufgestellt zu sein. Der Einsatz von Dieselloks erspart den zeitraubenden Lokwechsel an Grenzbahnhöfen und hat den wirtschaftlichen Vorteil, Züge mit eigenen Maschinen führen zu können. Zu dieser Zeit gründete die DB AG mit der niederländischen NS Cargo das Gemeinschaftsunternehmen Railion. Für die Leistungen von den belgischen und niederländischen Seehäfen musste allerdings auch eine besonders zugkräftige Lok zur Verfügung stehen. Das Werk Cottbus erhielt den Auftrag, eine Handvoll Loks der BR 232 für den Verkehr nach Holland und Belgien zu modifizieren. Neben dem neuen 2940-kW-Motor und neuen Fahrmotoren erhielten die Maschinen vor allem einen neuen Schleuderschutz und eine verbesserte Zugsicherung, einschließlich der für die Niederlande beziehungsweise Belgien erforderlichen Einrichtungen. Die spezialisierten Loks wurden unter der neuen Bezeichnung BR 241 zusammengefasst.

Die fünf für die Niederlande bestimmten Loks behielten ihre ursprüngliche Ordnungsnummer, die für den Belgieneinsatz bestimmten Fahrzeuge bildeten die Unterbaureihe 241.8, da bei ihnen auch noch Veränderungen am Lichtraumprofil erforderlich waren. Nach der Elektrifizierung der Montzenroute sind die Loks seit 2008 nicht mehr zwischen Deutschland und Belgien im Einsatz und wurden inzwischen verschrottet. Auch die anderen Maschinen der Baureihe 241 sind mittlerweile aus dem Dienst geschieden.

Einige der fünf Holland-Rückkehrerinnen behaupteten sich für längere Zeit im Dienst für die Starkenberger Baustoffwerke. Anschließend gelangten drei Loks nach Bulgarien. Mit der schwarz lackierten 241 353 der Erfurter Bahnservice (EBS) und 241 338 der Triangula Logistik aus Gelenau können immerhin noch zwei Exemplare in Deutschland angetroffen werden.

Baureihenbezeichnung:	BR 241 (DB AG)
Radsatzanordnung:	Co'Co'
Anzahl der Motoren:	1, mittelschnelllaufender 16-Zylinder-Viertakt-V-Motor von Kolomna mit Hochaufladung
V_{max} (km/h):	120
Motorleistung (kW):	2940
Motordrehzahl (Umin^{-1}):	1000
Leistungsübertragung:	dieselelektrisch
Dienstmasse (t):	124,7
Größte Radsatzfahrmasse (t):	20,8
Länge über Puffer (mm):	20820
Treibraddurchmesser (mm):	1050
Indienststellung:	1998–2001
Stückzahl:	10

Foto: S. Alkofer

G 2000 BB

Vossloh wartete im September 2000 mit einer völlig neuartigen Diesellokomotive auf. Allein schon die äußere Form mit asymmetrischen Endführerständen erregte die Gemüter. Die Grundforderung sah eine 120 km/h schnelle Lok für schwere Schnellgüterzüge vor. Voith entwickelte dafür extra das völlig neue Zweiwandlergetriebe L 620 reU2 mit einer Eingangsleistung von 2100 kW. Als Motorenlieferanten stehen vergleichbare Caterpillar- und MTU-Modelle zur Verfügung.

Der charakteristische Aufbau der Rahmenlokomotive mit schmalen Aufbauten ermöglicht eine gute Zugänglichkeit zu allen wichtigen Teilen und erhöht somit die Wartungsfreundlichkeit. Die G 2000 BB wurde speziell unter dem Gesichtspunkt geringer Life-Cycle-Costs (= Unterhaltskosten des gesamten Fahrzeuglebens) konzipiert und sollte auch speziell für kleinere Bahnen attraktiv sein.

Bis 2010 setzen die Kieler insgesamt 101 Loks meist bei kleineren EVU in kleinen Stückzahlen ab, unter anderen die Neusser Eisenbahn, die RAG, die WEG und die Regionalbahn Bitterfeld. Mehrere Lokomotiven mit einem symmetrischen Führerstand verkaufte Vossloh nach Italien und die Schweizer SBB Cargo.

Baureihenbezeichnung:	G 2000 BB
Radsatzanordnung:	B'B'
Anzahl der Motoren:	1, verschiedene MTU- oder Caterpillar-Dieselmotoren
V_{max} (km/h):	120
Motorleistung (kW):	2240 bis 2700
Motordrehzahl ($Umin^{-1}$):	1800*
Leistungsübertragung:	hydrodynamisch, Voith L 620 reU2
Dienstmasse (t):	87,3 bis 90
Größte Radsatzfahrmasse (t):	bis 22,5
Länge über Puffer (mm):	17400
Treibraddurchmesser (mm):	1000
Indienststellung:	2000–2010
Stückzahl:	101
*Caterpillar-Motor	

Foto: F. Seraphin

Baureihe 233 (DB AG)

So schnell wird die DB AG noch nicht auf ihre Ludmillas verzichten können. Das Einsatzende für die letzten Maschinen könnte unter Umständen nach dem Jahr 2020 liegen. Deshalb entschloss sich die DB AG in einem so genannten Stabilisierungsprogramm BR 232 nochmals einige Maschinen der Baureihe im Rahmen einer Hauptuntersuchung auch mit neuen Motoren auszurüsten.

Insgesamt 64 Lokomotiven der Baureihe 232 erhielten im Werk Cottbus der DB AG einen neuen Zwölfzylinder-Dieselmotor von Kolomna. Der neue Motor und einige andere Veränderungen verbessern vor allem auch die Umweltfreundlichkeit der neuen Baureihe 233. Die Zwölfzylinderaggregate haben einen geringeren Kraftstoffverbrauch und sind deutlich leiser. Neben den neuen russischen Dieselaggregaten wurden viele weitere Details, wie die Steuerelektronik, die Kühlanlagen und vieles mehr auf einen aktuellen Stand angehoben.

Bis 2003 wurden 64 Lokomotiven im Werk Cottbus umgebaut, die als Baureihe 233 eingereiht wurden. Von den im Sommer 2022 noch 35 aktiven Maschinen war rund die Hälfte von einer Untersuchung zurückgestellt. Dennoch erbringen die Loks ihre Leistungen weiterhin zur Zufriedenheit des Personals von DB Cargo. Das ursprünglich für 2020 geplante Einsatzende haben die kräftigen Loks bereits überlebt. Mit der gelben DB Bahnbau-Lok 233 493 »Tiger« ist auch eine bei Eisenbahnfreunden besonders populäre Maschine weiterhin im Dienst. Einige Exemplare gelangten bereits zu privaten EVU nach Polen oder zur ungarischen GySEV. 233 217 kam 2019 zur Train Log GmbH aus Gräfenhainichen.

Baureihenbezeichnung:	**BR 233 (DB AG)**
Radsatzanordnung:	**Co'Co'**
Anzahl der Motoren:	**1, Zwölfzylinder-Zylinder-Viertakt-V-Motor von Kolomna**
V_{max} (km/h):	**120**
Motorleistung (kW):	**2206**
Motordrehzahl (Umin^{-1}):	
Leistungsübertragung:	**dieselelektrisch**
Dienstmasse (t):	**124,7**
Größte Radsatzfahrmasse (t):	**20,8**
Länge über Puffer (mm):	**20820**
Treibraddurchmesser (mm):	**1050**
Indienststellung:	**2002**
Stückzahl:	**64**

Foto: S. Alkofer

G 1700 BB

Das Vossloh-Lokomotiv-Programm endete bis 2002 bei Strecken- und Rangierloks mit einer installierten Leistung von 1500 kW. Die Aufgabenentwicklung der vorangegangenen Jahre hatte jedoch einen Bedarf an Lokomotiven mit gesteigerter Zugkraft und erhöhter Höchstgeschwindigkeit im Streckeneinsatz geschaffen. Zwei Entwicklungen bereicherten deshalb am Beginn des neuen Jahrtausends die Angebotspalette der Kieler: Die G 2000 BB und die G 1700 BB. Während die G 2000 eine völlige Neuentwicklung war, griff man bei der G 1700 auf das Erfolgsmodell G 1206 zurück.

Die G 1700 hatte im Vergleich zur G 1206 eine um 200 kW gesteigerte Motorleistung und erreichte mit 100 km/h eine Höchstgeschwindigkeit, die sie in die Gruppe der Streckenloks einreihte. Ihr Konzept mit Mittelführerstand prädestinierte sie aber ebenso für den schweren Rangierdienst. Der Lokrahmen der G 1700 war 50 Zentimeter länger als der der G 1206. Auch in der G 1700 war das L 620-Getriebe von Voith eingebaut, aber auch der Einbau eines Turbowendegetriebes war möglich. Die modernen Loks mit Scheibenbremsen konnten im Baukastenprinzip mit verschiedensten technischen Zusatzeinrichtungen aufgerüstet werden.

Die Auslieferung der Lokomotiven begann im Jahr 2002.

Größter Einzelbesteller der G 1700 BB in Deutschland war die Häfen und Güterverkehr Köln AG (HGK) mit fünf Maschinen (nur noch eine Lok im Bestand). Die Schweizerischen Bundesbahnen (SBB) beschafften 73 Exemplare Am 843. Außerdem erhielten die BLS AG und Sersa je drei baugleiche Maschinen. Wegen des Linksverkehrs auf dem Schweizer Schienennetz hat die eidgenössische Variante ein seitenverkehrtes Führerhaus. Die Produktion endete 2011. Bis auf wenige infolge von Unfällen ausgeschiedene Exemplare sind alle gebauten Loks weiterhin aktiv.

Baureihenbezeichnung:	**G 1700 BB**
Radsatzanordnung:	**B'B'**
Anzahl der Motoren:	**1, verschiedene Dieselmotoren von Caterpillar oder MTU**
V_{max} (km/h):	**100**
Motorleistung (kW):	**1700**
Leistungsübertragung:	**hydrodynamisch, Voith L 620 reU2**
Dienstmasse (t):	**80**
Größte Radsatzfahrmasse (t):	**20**
Länge über Puffer (mm):	**15200**
Treibraddurchmesser (mm):	**1000**
Indienststellung:	**2002–2011**
Stückzahl:	**110**

Foto: F. Seraphin

ER 20 (Siemens)

Besser bekannt sind die modernen DE-Lokomotiven unter dem Namen »Hercules«. Bei den ÖBB, die als erste die Loks 1998 in großer Stückzahl bestellten, fährt die Type seit dem Frühjahr 2002 erfolgreich im Plandienst vor Güter- und Personenzügen.

Insgesamt 100 Loks der Reihe 2016 sind bei den ÖBB im Einsatz. Zu den weiteren Bestellern gehörte die Kowloon Canton Railway in Hongkong, die fünf Maschinen kaufte. Außerdem beliefert Siemens den eigenen »Dispolok«-Pool, der 2006 von Mitsui Rail Capital Europe (MRCE) übernommen wurde. Siemens führte die DE-Loks als ER (Euro Runner) 20.

Die bis 2011 gebaute Euro-Runner-Familie umfasste vierachsige Lokomotiven, die in dieselelektrischer oder elektrischer Ausführung das Leistungsspektrum zwischen 1500 und 4200 kW abdeckten und bis heute sowohl vor Güter- als auch Personenzügen zum Einsatz kommen. Das modulare Konzept diente einer hohen Standardisierung.

In der ER 20 vereinigte Siemens moderne Lokomotivtechnologien. Die Leistungsübertragung erfolgt über einen am Dieselmotor angeflanschten Drehstrom-Synchrongenerator, einen Gleichstromzwischenkreis und Drehstrom-Asynchronfahrmotoren. Neben einer Scheibenbremsanlage verfügt die ER 20 auch über eine elektrische Widerstandsbremse. Insgesamt 181 Lokomotiven der Type wurden gebaut. Sie werden heute europaweit eingesetzt, u. a. von zahlreichen Privatbahnen in Deutschland. Sicherlich am populärsten war der Einsatz vor den Allgäu-Express-Zügen (ALEX) zwischen Oberstdorf und München von Dezember 2003 bis Dezember 2020. Nach dem Wegfall dieser Route sind die ER 20 mit Alex-Schriftzug noch auf der Linie Regensburg – Schwandorf/Hof zu sehen. Bis mindestens 2023 bespannen ER 20 auch die MRB-Leistungen zwischen Chemnitz und Leipzig.

Baureihenbezeichnung:	**ER 20**
Radsatzanordnung:	**Bo'Bo'**
Anzahl der Motoren:	**1,16-Zylinder-Dieselmotor von MTU**
V_{max} (km/h):	**140**
Motorleistung (kW):	**2000**
Motordrehzahl (Umin^{-1}):	**1800**
Leistungsübertragung:	**dieselelektrisch**
Dienstmasse (t):	**80**
Größte Radsatzfahrmasse (t):	**20**
Länge über Puffer (mm):	**19275**
Treibraddurchmesser (mm):	**1100**
Indienststellung:	**2002–2011**
Stückzahl:	**181**

Foto: Vossloh Locomotives / T. Mischke

G 1000 BB

Im Jahr 2002 präsentierte Vossloh Locomotives mit der G 1000 BB eine Lok, die den Leistungsbereich unterhalb der G 1206 abdeckt. Ihre Basis bildete die ebenfalls von Vossloh entwickelte ÖBB-Reihe 2070 (Vossloh intern: G 800 BB), von der die Konstrukteure nicht nur den Rahmen und das Fahrwerk, sondern auch das Führerhaus und den hinteren Vorbau übernahmen. Da unter dem vorderen Vorbau der größere Dieselmotor untergebracht werden musste, fiel dieser erheblich größer aus.

Bei Ihrer Konstruktion achtete man besonders auf geringe Schall- und Abgasemissionen. Für den Einsatz im Rangierdienst besitzt die Lok eine Funkfernsteuerung (auch mit V-constant-Funktion) sowie eine Rangierkupplung. Sie ist außerdem mit allen modernen Kommunikationsmitteln und länderspezifischen Sicherungsanlagen ausrüstbar.

Die vierachsige dieselhydraulische Lok für den schweren Rangier- und leichten Streckendienst ist zurzeit in Deutschland, Italien, Frankreich, der Schweiz (Am 842 der SBB) und Luxemburg (Reihe 1100 der CFL) zugelassen. Im Jahr 2006 testete Railion Deutschland einige Exemplare als möglichen Ersatz der Baureihe 290/294. Entsprechende Planungen zerschlugen sich jedoch. Insgesamt wurden mehr as 100 Maschinen ausgeliefert, größter Betreiber ist die Rheincargo mit 11 Exemplaren.

Baureihenbezeichnung:	G 1000 BB
Radsatzanordnung:	B'B'
Anzahl der Motoren:	1, MTU 8V 4000 R43 (L)
V_{max} (km/h):	100
Motorleistung (kW):	max. 1.200 kW
Motordrehzahl (Umin^{-1}):	1860
Leistungsübertragung:	hydrodynamisch, Voith L4r4
Dienstmasse (t):	74–80
Größte Radsatzfahrmasse (t):	max. 20,0
Länge über Puffer (mm):	14130
Raddurchmesser (mm):	1000
Indienststellung:	2002–2016
Stückzahl:	103

Foto M. Dahlbeck

Baureihe 214

Die Alstom Lokomotiven Service GmbH in Stendal modernisierte im Jahr 2007 Lokomotiven der Baureihe V 100 der DB und der DR. Während die DR-Maschinen nur neue Motoren und Einrichtungen bekamen, wurden die DB-Maschinen komplett neu aufgebaut. Dabei blieben nur Rahmen und Laufwerke der Spenderlokomotiven erhalten. Maschinenanlagen und Aufbauten entstanden vollkommen neu.

Die Gmeinder Lokomotivenfabrik GmbH (GLG) in Mosbach agierte als Zulieferer und steuerte die Fahrerkabine, die Steuerung, die Kühler und weitere Aggregate bei.

Es entstand ein Aufbau mit Mittelführerstand und zwei unterschiedlich langen Aufbauten. Getriebe und Kraftstoffbehälter blieben wie bei den Spendern unter dem Führerhaus.

Das Führerhaus wurde nach ergonomischen Gesichtspunkten eingerichtet und bietet einen hohen Lärm- und Brandschutz.

Die Loks bekamen Caterpillar-Motoren vom Typ 3508 BSC mit Partikelfilter-Anlage und einer Leistung von 970 kW, die ihr Drehmoment über das Hauptgetriebe und die Achsgetriebe an die vier Radsätze weiterleiten.

In Juni 2007 wurde die 214 001 als erste Lok dieser Baureihe auf der Transport & Logistik in München vorgestellt. Weitere 24 Exemplare gingen an zahlreiche Privatbahnen in Deutschland, Frankreich und Norwegen. 214 014 bis 018 wurden von DB Regio Mittelfranken angemietet und probeweise als Rangierloks in Nürnberg Hbf getestet. Sie waren auch Anfang 2015 noch im Einsatz und lösten dort Loks der Baureihe V 60 ab. Obwohl sich die Loks bewährten, konnte sich die DB AG nicht zu einer Beschaffung eigener Loks durchringen. Die größten Abnehmer dieses Typs sind die BBL und Locon.

Baureihenbezeichnung:	**214**
Radsatzanordnung:	**B'B'**
Anzahl der Motoren:	**1**
V_{max} (km/h):	**100**
Motorleistung (kW):	**970**
Motordrehzahl (Umin^{-1}):	
Kraftübertragung:	**hydraulisch**
Dienstmasse (t):	**61**
Radsatzfahrmasse (t):	
Länge über Puffer (mm):	**12.300**
Treibraddurchmesser (mm):	**950**
Indienststellung:	**2006–2016**
Stückzahl:	**36**

Foto: F. Seraphin

Baureihe 245, 246, 285

Fest etabliert hat sich am Markt für elektrische Lokomotiven die Firma Bombardier mit ihrer Traxx-Familie. Loks aus dieser Familie werden sowohl im Güter- als auch im Personenverkehr europaweit eingesetzt. Je nach Einsatzzweck sind sie mit einem Tatzlager- oder mit einem Hohlwellenantrieb ausgerüstet.

Es lag damit nahe, auf Grundlage der Traxx-Plattform dieselelektrische Varianten zu entwickeln, die in möglichst vielen Bauteilen mit den elektrischen Versionen übereinstimmen. Als erstes Fahrzeug zeigte Bombardier die Traxx P160 DE auf der Messe InnoTrans im Jahr 2006. Die modular aufgebaute Diesellok ist 18,9 m lang, rund 70 Prozent ihrer Komponenten sollen mit denen der Elektrolokomotiven der Traxx-Familie übereinstimmen. Der Hohlwellenantrieb ermöglicht eine Höchstgeschwindigkeit von 160 km/h, sodass die Lok vor allem im Personenverkehr eingesetzt werden kann. Ursprünglich wurden elf Exemplare der P 160 DE für die Landesnahverkehrsgesellschaft Niedersachsen (LNVG) gefertigt, die die Maschinen mit den Betriebsnummern 246 001 bis 246 011 zunächst der metronom Eisenbahngesellschaft für den Nahverkehr zwischen Hamburg und Cuxhaven zur Verfügung stellte. Da nicht alle Maschinen für den Verkehr notwendig waren, verkaufte die LNVG zum 22. Dezember 2011 zunächst eine Lok an die IGT mbH in Salzgitter. Zwei weitere Maschinen erwarb die Havelländische Eisenbahn (HVLE). Die acht Maschinen der LNVG werden heute durch die DB AG-Tochter Regionalverkehre Start betrieben. Bis 2026 durchlaufen die Maschinen ein umfangreiches Redesign-Programm.

Die HVLE zählte auch zu den ersten Kunden der Traxx F140 DE, deren Erste Anfang August 2007 aus den Werkhallen rollte und die als Baureihe 285 geführt wird. Auch sie ist modular aufgebaut und kann für die verschiedenen Länder mit den gleichen Modulen wie die Traxx-Elektroloks konfiguriert werden. Hierzu gehören auch konventionelle automatische Zugsicherungssysteme sowie ETCS. Da die BR 285 für den Güterverkehr konzipiert ist, beträgt ihre Höchstgeschwindigkeit 140 km/h. Dies erlaubt den Einbau des kostengünstigeren Tatzlagerantriebs. Während die HVLE mittlerweile vier Exemplare einsetzt, hat die Leasinggesellschaft Macquarie European Rail Ltd. zehn Loks im Bestand.

Die PRESS setzte die vier Lokomotiven 285 101–104 ein und RheinCargo die fünf Loks 285 112–116. Die PRESS-Loks werden auch als Schlepplokomotiven auf der Schnellfahrstrecke

Foto: H. Sangmeister

Nürnberg – Erfurt – Leipzig genutzt. Für diesen Zweck wurden die Maschinen mit dem Zugsicherungssystem ETCS ausgestattet.

Dank eines Rahmenvertrages über 200 Exemplare, den die DB AG mit Bombardier 2011 schloss, kann die Traxx P160 DE ME als die erfolgreichste Vertreterin der drei dieselelektrischen Traxx-Varianten angesehen werden. Die Abkürzung ME steht für »Multi-Engine«. Die Loks unterscheiden sich durch vier kleine Motoren von den herkömmlichen Dieselloks. Dies soll einen wirtschaftlicheren Betrieb ermöglichen, da die Motoren je nach Bedarf zu- oder abgeschaltet werden können. Außerdem lassen sich auf diese Weise die Abgasnormen besser einhalten. An jeden Motor vom Typ Caterpillar Typ CAT C 18 ACERT mit Ladeluftkühlung und Direkteinspritzung ist ein Generator angeflanscht, der die elektrische Energie für den Fahrmotor eines Radsatzes liefert. Motoren und Generatoren befinden sich in der Mitte des Maschinenraums. Zwischen dem Motorbereich und den beiden Führerräumen sind die Kühleinrichtungen und die Druckluftanlage platziert. Für eine Höchstgeschwindigkeit von 160 km/h sind die Loks mit einem Hohlwellenantrieb ausgerüstet.

Die verkehrsroten Maschinen, die als Baureihe 245 eingereiht wurden, gehören zu DB Regio und werden vor Regional-Express-Zügen von Kempten, Mühldorf (Südostbayernbahn) und Frankfurt/Main aus eingesetzt.

Zudem sind zehn Loks für Leistungen im Sylt-Verkehr in Niebüll stationiert.

Die viermotorigen Loks erfüllten jedoch nie die in sie gesetzten Erwartungen. So rief die DB AG bis heute nicht das gesamte Auftragsvolumen ab, es wurden lediglich 30 Exemplare für die DB AG und 15 für den Lok-Vermieter Paribus gebaut. Dessen Loks werden auch von der DB AG im Regionalverkehr in Schleswig-Holstein genutzt. Aus Mangel an modernen Dieselloks mietet die DB AG ersatzweise zusätzlich längst ausgemusterte 218 von privaten EVU zurück.

Baureihenbezeichnung:	**245**	**246**	**285**
Radsatzanordnung:	**Bo'Bo'**	**Bo'Bo'**	**Bo'Bo'**
Anzahl der Motoren:	**4, Caterpillar C18**	**1, MTU 16 V 4000**	**1, MTU 16 V 4000 R43 L**
V_{max} (km/h):	**160**	**160**	**140**
Motorleistung (kW):	**4 x 563**	**2200**	**2 400**
Motordrehzahl (Umin^{-1}):			
Leistungsübertragung:	**elektrisch**	**elektrisch**	**elektrisch**
Dienstmasse (t):	**83,0**	**ca. 81,5**	**ca. 83,0**
Größte Radsatzfahrmasse (t):	**21,0**	**20,5**	**20,5**
Länge über Puffer (mm):	**18900**	**18900**	**18900**
Raddurchmesser (mm):	**1250**	**1250**	**1250**
Indienststellung:	**2012–2016**	**2006–2007**	**2007–2013**
Stückzahl:	**45**	**11**	**35**

Voith Maxima 30 CC und 40 CC

Foto: F. Seraphin

Im Jahr 2006 präsentierte die Voith Turbo Lokomotivtechnik aus Kiel, eine Zweigniederlassung der Heidenheimer Voith Turbo GmbH & Co. KG, auf der InnoTrans in Berlin zum ersten Mal die Maxima 40 CC. Bei ihrer Vorstellung war die Maschine die stärkste einmotorige Diesellokomotive mit hydraulischer Kraftübertragung und sechs angetriebenen Achsen. 2008 stellte Voith ebenfalls in Berlin die Maxima 30 CC vor. Die Maschine ist nahezu baugleich mit der Maxima 40 CC, von der sie sich im Wesentlichen durch einen kleineren Motor mit einer rund 850 kW geringeren Leistung unterscheidet.

Die Lokkästen der beiden Schwesterlokomotiven sind aus Stahl gefertigt. Die Ausstattung der Führerstände besteht jeweils aus Klimaanlage, Fußboden- und Fußstützenheizung sowie einem ergonomisch gestalteten Einheitsführerpult und zwei Sitzen für Lokführer und Beimann.

Ausgerüstet ist die Maxima 40 CC mit einem Vier-Takt-Dieselmotor vom Typ ABC 16 V DZC des Herstellers Anglo Belgian Corporation mit 16 Zylindern. Der Motor sorgt für eine Anfahrzugkraft von 408 kN, maximal sind sogar 519 kN möglich. Anglo Belgian Corporation lieferte auch den kleineren Dieselmotor vom Typ ABC 12 V DZC für die 30 CC, der zwölf Zylinder besitzt.

Für die Kraftübertragung sorgt das Turbosplitgetriebe Voith LS 640 reU2. Es besitzt einen getrennten Schleuderschutz für die beiden Drehgestelle und ist bei Maxima 30 CC und 40 CC für eine Höchstgeschwindigkeit von 120 km/h ausgelegt. Die Lokomotiven verfügen über eine dynamische und eine pneumatische Bremse. Die Gestaltung der Voith Maxima übernahm die Firma ma design. Das zeitgemäße Design wurde 2007 mit dem Red Dot Award prämiert.

Zunächst sah es nach einem Erfolg für die Maxima aus: Mitte Februar 2008 lagen Bestellungen für 77 Exemplare vor. So hatte allein das niederländische Leasingunternehmen Ox-traction 15 Maxima 30 CC und 40 CC geordert und einen Rahmenvertrag unterschrieben, der die Lieferung von weiteren 23 Maschinen vorsah. An der Firma Ox-traction N.V. war Voith Turbo beteiligt. Doch bevor alle 15 Maschinen gefertigt werden konnten, beendete die Firma ihre Geschäftstätigkeit im Herbst 2010.

Trotz der vergleichsweise hohen Zahl von Bestellungen fertigte Voith insgesamt nur 20 Maxima-Diesellokomotiven: 13 Maxima 40 CC und 7 Maxima 30 CC, die u.a. die Havelländische Eisenbahn und das Gleisbauunternehmen Wiebe erhielten. Schließlich gab Voith im Januar 2014 bekannt, dass der Lokomotivbau in Kiel eingestellt werde. Sechs Maxima 30 CC sind im Besitz der Voith Turbo GmbH, die die Loks an verschiedene EVU vermietet. Auch einige Maxima 40 CC werden über den Hersteller vermietet. Weitere Exemplare fahren für die SGL (2) sowie Raildox und die Starkenberger Güterlogistik (je 1). Die Havelländische Eisenbahn (hvle) verkaufte jüngst zwei ihrer vier Maxima 40 CC nach Polen.

Baureihenbezeichnung:	Maxima 30 CC	Maxima 40 CC
Radsatzanordnung:	C'C'	C'C'
Anzahl der Motoren:	1	1
V_{max} (km/h):	120	120
Motorleistung (kW):	2.750	3.600
Motordrehzahl (Umin^{-1}):	1000	1000
Leistungsübertragung:	hydraulisch	hydraulisch
Dienstmasse (t):	126–135	126–135
Größte Radsatzfahrmasse (t):	22,5	22,5
Länge über Puffer (mm):	23200	23200
Raddurchmesser (mm):	1150	1150
Baujahr(e):	2008–2010	2006–2009
Stückzahl:	7	13

G 6 / G 12 / G 18 – DE 12 / DE 18

Foto: A. Dollinger

Auf der Innotrans in Berlin zeigte Vossloh Locomotives aus Kiel 2008 erstmals die dreiachsige dieselhydraulische Rangierlok vom Typ G 6. Diese Präsentation war der Start einer neuen Diesellok-Generation bei Vossloh, deren neues Bezeichnungsschema statt der vollständigen Motorleistung nur noch die Hunderterstelle angibt. Außerdem folgte noch eine weitere Neuerung: Neben der hydrodynamischen Kraftübertragung bietet Vossloh jetzt auch zwei Typen mit dieselelektrischer an.

Eine dreiachsige Maschine hatte Vossloh mit der MaK G 765 zuletzt 2002 angeboten.

Die Konstruktion der G 6 ist für den Einsatz im Rangierdienst ausgelegt und wird jeweils an die besonderen Einsatzbedingungen angepasst. Die Rahmenkonstruktion der G 6 lässt verschiedene Ausstattungsvarianten zu.

Die Aufbauten sind eine Weiterentwicklung vorhergehender Typen und bestehen aus einzelnen Sektionen, die jeweils abnehmbar sind und damit für die notwendige Wartungsfreundlichkeit sorgen. Eine vollständige Neuentwicklung ist dagegen der Führerstand. Es ist möglich, die G 6 mit den Motoren dreier Hersteller auszurüsten, bislang wurden aber nur Loks mit Motoren von Cummins und MTU

Foto: A. Dollinger

ausgeliefert. Alternativ zur Rangierlok-Variante (Höchstgeschwindigkeit 35 km/h) gibt es auch eine Version als Streckenlok (Höchstgeschwindigkeit von 80 km/h). Ein Turbogetriebe der Bauart L3r4zeU2 von Voith dient der Kraftübertragung, scheibengebremste Radsätze sowie mit Partikelfilter nachrüstbare Kühl- und Abgasanlage vervollständigen die Ausrüstung. Mit zwei Prototypen dieser Bauart unternahm man umfangreiche Testfahrten im In- und Ausland.

Erster Kunde für die G 6 waren die Verkehrsbetriebe Peine-Salzgitter, weitere der mittlerweile mehr als 130 gelieferten Loks erhielten u. a. die BASF Ludwigshafen, das Zellstoffwerk Stendal und die K+S Kali GmbH.

Es folgten 2010 mit G 12 und die G 18 weitere neue dieselhydraulische Lokomotiven für den Rangier- und Güterzugdienst, allerdings in einer höheren Leistungsklasse: die G 12 mit 1.200 kW und die G 18 mit 1.800 kW. Ein neues Drei-Wandler-Getriebe verbessert den Wirkungsgrad und ist mit einem leistungsfähigen Retarder zum verschleißfreien Bremsen ausgerüstet. Es ist möglich, das Gesamtgewicht der Loks zwischen 80 und 90 t auszulegen und sowohl G 12 als auch G 18 mit Länderpaketen für drei Länder und ETCS gleichzeitig auszustatten. Die G 18 wurde an Spitzke Logistik geliefert, die G 12 läuft bei der KAF SigBahnTec GmbH.

Ebenfalls 2010 präsentierte Vossloh die dieselelektrischen Lokomotiven DE 12 und DE 18. Die vierachsigen Loks für den Rangier- und Streckendienst entstammen demselben Baukasten und leisten ebenfalls 1.200 kW (DE 12) und 1.800 kW (DE 18). Auch ihr Gesamtgewicht lässt sich flexibel zwischen 80 und 90 t auslegen. Der dieselelektrische Antrieb der Vierachser bietet hohe Wirkungsgrade und ist auch für zukünftige Innovationen wie die Hybrid- und

Fotos: Vossloh Locomotives / T. Mischke

Foto: Vossloh Locomotives

Speichertechnik ausgelegt. Für eine einfache Bedienung und kraftstoffsparenden Betrieb sind die Loks neben einer Slip Protection (VSP) und einer Start-Stopp-Automatik »Eco Drive« (VED) mit einem Fahrer-Assistenzsystem (VDA) ausgerüstet. Außerdem entwickelten die Ingenieure einen sogenannten »Track Recorder« (VTR), der die Betriebsparameter wie Betriebsdauer oder Fahrgeschwindigkeit erfasst und analysiert. Allerdings dauerte der Zulassungsprozess für diese Lokomotiven vier Jahre und wurde erst im Oktober 2014 abgeschlossen. Die DE 12 ist bislang vornehmlich bei der BASF im Einsatz, die DE 18 erhielten neben der BASF die französischen Unternehmen Europorte France SAS, Lille, COLAS RAIL S.A und ferrotract. Nach dem Verkauf von Vossloh Locomotives an den chinesischen Konzern CRRC wird aktuell nur noch die DE 18 zum Kauf angeboten. Parallel konzentriert man sich auf die Entwicklung der Mehrsystem-Zweikraftlokomotive DM 20.

Baureihenbezeichnung:	**G 6**	**G 12 / G 18**	**DE 12 / DE 18**
Radsatzanordnung:	**C**	**B'B'**	**Bo'Bo'**
Anzahl der Motoren:	**1, Cummins QSK23-L/ MTU 12V 1600 R50**	**1, MTU 8V 4000 R43(L)**	**1, MTU 8V 4000 R43(L)**
V_{max} (km/h):	**80**	**100**	**120**
Motorleistung (kW):	**671/690**	**max. 1.200 (G 12)/ max. 1.800 (G 18)**	**max. 1.200 kW (DE 12)/ max. 1.800 kW (DE 18)**
Motordrehzahl ($Umin^{-1}$): 1600–1900	**1.800**	**1800**	
Leistungsübertragung:	**hydrodynamisch, Voith L3r4zeU2**	**hydrodynamisch, Voith L 4r4 zseU2 (G12), Voith L 530 breU2 (G 18)**	**dieselelektrisch**
Dienstmasse (t):	**60–67,5**	**80–90**	**80–90**
Größte Radsatzfahrmasse (t):	**max. 22,5**	**max. 22,5**	**max. 22,5**
Länge über Puffer (mm):	**10350**	**17000**	**17000**
Treibraddurchmesser (mm):	**1000**	**1000**	**1000**
Indienststellung:	**2008–2017**	**2010–**	**2010– (2014–)**
Stückzahl:	**130**	**In Produktion**	**In Produktion**

Foto: F. Seraphin

Baureihe 261, 265

Im September 2008 bestellte die Deutsche Bahn AG für rund 250 Millionen Euro bei Voith Turbo Lokomotivtechnik 130 Diesellokomotiven vom Typ Gravita. Diese Bestellung teilt sich in 99 Maschinen der leichten Ausführung 10 BB mit einer Leistung von 1.000 kW und einem Gewicht von 80 Tonnen. Die 31 anderen Loks gehören zur schwereren Ausführung 15 BB. Sie leisten 1.800 kW und wiegen je nach Ausstattung zwischen 84 und 90 Tonnen. Die leichten Maschinen werden bei der DB als Baureihe 261 bezeichnet, die schweren als Baureihe 265.

Die Lokomotiven haben eine hydrodynamische Leistungsübertragung, Gelenkwellenantrieb der Radsätze, Mittelführerhaus und niedrige Aufbauten. Als Antriebsmaschine wird bei der 261 der MTU-Dieselmotor 8 V 4000 R43 verwendet. Das Turbowendegetriebe 4r4zseU2 überträgt die Leistung mittels Gelenkwellen auf die vier Radsatzgetriebe. Das Getriebeprinzip erlaubt ein verschleißfreies Bremsen des Fahrzeuges über die Wandler der Gegenrichtung. Das Turbogetriebe enthält ein im Stillstand schaltbares Stufengetriebe, das im Rangiergang 50 km/h und im Streckengang 100 km/h erlaubt.

Der Lokomotivrahmen ist eine Schweißkonstruktion mit Deckblech und innen liegenden Langträgern. Die Aufbauten sind mit abnehmbaren Hauben und großen Wartungstüren versehen. Die Lok ist mit der Mikroprozessorsteuerung Voith TRACSYS gemäß EN 50155 ausgerüstet, besitzt Schleuderschutz- und Gleitschutzeinrichtung, Mehrfachsteuerung mit bis zu drei Lokomotiven mittels serieller Datenübertragungsleitung und eine Geschwindigkeits-Konstantregelung, die im Bereich zwischen 3 und 15 km/h wirksam ist. Die Fertigung der Loks endete mit dem Rückzug des Herstellers aus dem Lokomotivbau im Jahr 2014.

Bei der DB AG sind heute 99 Exemplare der Baureihe 261 und 31 der größeren Baureihe 265 im Dienst. Die Baureihe 261 ist nach wie vor in Hamburg-Maschen, Halle (Saale), Mainz-Bischofsheim, Oberhausen, Hagen-Vorhalle und Gremberg stationiert, die 265 in Mainz-Bischofsheim, Seelze, Halle G und Hagen-Vorhalle.

Weitere Maschinen fahren für private EVU wie Northrail, zwei Gravita 15L BB gehören der Hohenzollerschen Landesbahn/SWEG.

Baureihenbezeichnung;	**261**	**265**
Radsatzanordnung	**B'B';**	**B'B'**
Anzahl der Motoren:	**1**	**1**
V_{max} (km/h):	**100**	**100**
Motorleistung (kW):	**1.000**	**1.800**
Motordrehzahl (Umin^{-1}):		
Kraftübertragung:	**hydrodyn.**	**hydrodyn.**
Dienstmasse (t):	**80,0**	**83,0–90,0**
Radsatzfahrmasse (t):	**20,0**	**20,0**
Länge über Puffer (mm):	**15720**	**16880**
Raddurchmesser (mm):	**1000**	**1000**
Indienststellung:	**2010–2013**	**2012–2014**
Stückzahl:	**127**	**2 + 36**

Foto: F. Seraphin

Baureihe 247 (Vectron DE)

Ende Juni 2010 präsentierte Siemens Mobility in seinem Prüfcenter in Wegberg-Wildenrath seine neue Lokfamilie Vectron, die die EuroSprinter-Plattform ersetzte. Anders als beim EuroSprinter beschränkt sich das Konzept des Vectron nicht allein auf die elektrische Traktion, sondern umfasst auch die dieselelektrische Variante Vectron DE, die den Eurorunner (siehe S. 115) ersetzte. Bereits wenige Monate nach der elektrischen Version stellte Siemens auf der Ausstellung Innotrans im September 2010 den Vectron DE vor.

Die Ingenieure übernahmen beim Vectron DE bewährte Konstruktionselemente des Eurorunner, wie beispielsweise die Zugkraftübertragung über Drehzapfen, den gleisschonenden Ritzelhohlwellenantrieb, die geraden Seitengänge und die Maschinenraumanordnung. Zu den Verbesserungen zählen der im Maschinenraum angeordnete Bremswiderstand, das tauschbare, crashverzehrende Frontend gemäß internationalem TSI-Standard und eine auf 160 km/h erhöhte Geschwindigkeit. Der Lokkasten des Vectron DE entstand nach Konstruktionsprinzipien der elektrischen Vectron-Version und besitzt eine Festigkeit von 1.500 kN Zugkraft sowie 2.000 kN Druckkraft. Im großzügig dimensionierten Maschinenraum lassen sich noch zusätzliche Zugsicherungspakete oder Ausrüstungsoptionen unterbringen. Der MTU-Dieselmotor des Vectron DE – eine Weiterentwicklung des bewährten Dieselmotors der Baureihe 4000 – besitzt eine gekühlte Abgasrückführung, die für geringere NOx-Emissionen sorgt. Verbesserungen am elektronisch gesteuerten Common-Rail Einspritzsystem sowie eine emissionsarme Verbrennung nach dem Miller-Verfahren runden das technische Konzept ab. Erster Kunde für den Vectron DE war im Dezember 2016 die Infraleuna GmbH. Seit Anfang Februar 2017 setzt DB Cargo von Halle aus vier dieselelektrische Lokomotiven dieses Typs ein, die eine Beklebung im verkehrsroten DB-Design erhielten.

Die Fertigung dieses Lokomotivtyps endete bereits 2018 nach nur neun gebauten Exemplaren zu Gunsten der neuen Zweikraft-Varianten aus der Vectron-Familie (Baureihen 248 und 249). Zwei Exemplare der Baureihe 247 beschaffte die RDC für ihren Sylt-Verkehr.

Baureihenbezeichnung:	247
Radsatzanordnung:	Bo'Bo'
Anzahl der Motoren:	1, MTU 16V 4000 R84
V_{max} (km/h):	160
Motorleistung (kW):	1800
Motordrehzahl (Umin^{-1}):	1750
Leistungsübertragung:	dieselelektrisch
Dienstmasse (t):	88
Größte Radsatzfahrmasse (t):	22
Länge über Puffer (mm):	19980
Treibraddurchmesser (mm):	1100
Indienststellung:	2017–2018
Stückzahl:	9

Foto: By Heitersberg – Own work, CC BY-SA 4.0, https://commons.wikimedia.org/w/index.php?curid=72803450

Alstom Prima H3 – Baureihe 1002

Alstom begann bereits 2004 mit dem Bau einer Hybrid-Lokomotive. Als Erprobungsträger diente eine DR-V100, der Programmstart für das H3-Projekt erfolgte auf der Innotrans 2012. Zwei Jahre später übergab Alstom die erste im Werk Stendal komplett neu konstruierte Prima H3 an die DB AG.

Die dreiachsigen Maschinen sind für den Rangierdienst sowie den leichten Streckendienst ausgelegt. Die drei einzeln gelagerte Achsen werden je einzeln durch einen Asynchronfahrmotor angetrieben Die Achsen sind als hydraulische Radsatzkopplung mit passiver Radialeinstellung ausgelegt. So drehen sich in Gleisbögen die erste und dritte Achse ein, sodass das Fahrzeug auch sehr kleine Radien reibungslos durchfahren kann.

Die Maschine wurde zunächst in vier Varianten wahlweise angeboten: mit Dieselmotor und 1000-kW-Generator, als Hybrid-Variante mit Dieselmotor, Batterie und 350-kW-Generator, mit zwei Dieselmotoren und je zwei 350-kW-Generatoren oder als Akkulokomotive mit 600 kW Leistung.

Als Batterien dienten bei den ersten 40 ausgelieferten Maschinen Nickel-Cadmium-Akkumulatoren. Diese hatten eine Nennkapazität von 170 Amperestunden und einer Nennspannung von 600 V, gleichzeitig steigerten sie jedoch die Fahrzeugmasse um 6,5 t. Seit 2019 werden für Neubau-H3 Lithium-Ionen-Akkumulatoren der Firma Hoppecke verwendet. Das Gewicht des Batteriesystems fällt nun um 1,5 t geringer aus. Seit 2020 sind die Maschinen im Batteriebetrieb für Geschwindigkeiten bis 100 km/h zugelassen. Bislang wurden 46 Maschinen an deutsche EVU geliefert, weitere 12 Loks wurden für die SBB gebaut. Je zwei Maschinen werden von DB Regio in München und Nürnberg in einem Langzeitversuch im Rangierbetrieb erprobt.

Baureihenbezeichnung:	Prima H3
Radsatzanordnung:	A' A A'
V_{max} (km/h):	100
Motorleistung:	350 kW (?)
Motor:	Deutz TCD 12.0 V6
Fahrmotoren:	3 × TSA TMF 64-30-4
Leistungsübertragung:	elektrisch/dieselelektrisch
Dienstmasse (t):	67,5
Größte Radsatzfahrmasse (t):	22,5
Länge über Puffer (mm):	12800
Indienststellung:	2014
Stückzahl:	In Produktion

Stadler Eurodual – Baureihe 2159

Foto: H. Sangmeister

Das Stadler Werk in Albuixech bei Valencia hat eine bewegte Geschichte: Bis 2004 entstanden dort unter Alstom-Regie unter anderen schwere sechsachsige Diesellokomotiven für den britischen und israelischen Markt. 2004 übernahm der Kieler Lokomotivbauer Vossloh das Zepter, in der Folge entstanden neben den modernen sechsachsigen Dieselloks des Typs Euro 4000 auch die vierachsigen Zweikraftlokomotiven der British Rail Class 88. Noch unter Vossloh-Regie präsentierte man auf der InnoTrans 2014 Pläne für eine neue sechsachsige Zweikraft-Lokomotive für den europäischen Markt. Nach der Übernahme des spanischen Werks durch Stadler 2015 wurde daraus die Eurodual. Die Übergabe der ersten für den deutschen Markt vorgesehenen Eurodual D (Baureihe 2159) erfolgte Ende 2018 an die hvle. Die Havelländer hatten die Konzeption der Lok maßgeblich beeinflusst.
Die Ingenieure griffen tief in den Baukasten des ehemaligen Vossloh-Werks: Die Lokomotive setzt sich aus Komponenten der Vossloh Euro 4000 (Rahmen und Drehgestelle), der vierachsigen Diesellokomotive UKLIGHT (Class 68) (Tank, Dieselmotoranlage, Lüfter, Abgasanlage) und der zweikraftfähigen, auf der UKLIGHT basierenden Class 88 (Haupttransformator, elektrische Ausrüstung) zusammen.
Ein Sechzehnzylinder-Viertaktdieselmotor des Typs C175-16 von Caterpillar sorgt im Dieselbetrieb für eine Leistung von 2800 kW, im elektrischen Betrieb sind unter Speisespannungen von 25 kV / 50 Hz und 15 kV / 16,7 Hz bis zu 6150 kW möglich. Mit einer Länge von 23020 mm zählen die 123 Tonnen schweren Lokomotiven zu den größten Maschinen, die auf deutschen Gleisen unterwegs sind.
Dennoch gelten die Loks als relativ oberbauschonend, weil ihre dreiachsigen Drehgestelle (Achslast 21 t) beim Bogenlauf noch geringere Querkräfte als die zweiachsigen Drehgestelle der Bombardier TRAXX oder des Siemens Vectron aufweisen.
Im Sommer 2022 lagen Bestellungen für mehr als 120 Maschinen vor, von denen 55 Exemplare bereits ausgeliefert waren. Größter Kunde ist der Lok-Vermieter ELP (European Loc Pool) mit zuletzt 74 Maschinen. Viele der ELP-Loks kommen für private EVU wie die Lappwaldbahn (LWC), die Erfurter Bahn Service (EBS) oder HHPI oder retrack zum Einsatz, das Aufgabenspektrum reicht vom Güterverkehr auf Hauptstrecken bis zur Letzten Meile. In dieser Rolle lösen die Loks teilweise (etwa bei den Starkenberger Baustoffwerken) ältere Diesellokomotiven aus der DR-V300-Familie ab.
Eine reine Diesel-Variante ist unter der Bezeichnung Stadler Euro 4001 erhältlich. Ferner gibt es auf eurodual-Basis die Hybrid Viersystem-Güterzuglokomotive Euro 9000 und die vollelektrische Euro 6000.

Baureihenbezeichnung:	Stadler Eurodual
Radsatz:	Co' Co'
V_{max} (km/h):	120–160
Motorleistung:	7000 kW (25 kV) / 6150 kW (15 kV) / 2800 kW (Dieselbetrieb)
Dieselmotor:	(Caterpillar C175-16)
Leistungsübertragung:	elektrisch/dieselelektrisch (?)
Dienstmasse (t):	123
Größte Radsatzfahrmasse (t):	21
Treibraddurchmesser (mm):	1067
Länge über Puffer (mm):	23020
Indienststellung:	2018
Stückzahl:	In Produktion

Vectron DM / DM Light – Baureihe 248 / 249

Foto: H. Sangmeister

Noch während des Serienbaus der Dieselvariante (DE) der Vectron-Plattform (Baureihe 247.9) tüftelten die Ingenieure im München-Allach am nächsten Technologiesprung. Im März 2019 verließ das erste Exemplar der Zweikraftlokomotive Vectron Dual Mode (DM) der Baureihe 248 die Werkshallen. Die Konstrukteure übernahmen die wesentlichen Konstruktionsprinzipien der Dieselvariante, der Lokkasten mit den crashoptimierten Fronten nach TSI-Standard blieb in den Abmessungen nahezu unverändert erhalten, auch Drehgestellachsstand und Drehzapfenabstand wurden übernommen. Auffälligster Unterschied zum Vectron DE ist der Stromabnehmer, dazu wurde der elektrische Antriebsstrang um die Möglichkeit, elektrische Energie aus der Oberleitung zu beziehen, erweitert. So finden sich neben dem Stromabnehmer auch ein Hauptschalter sowie zwei Überspannungsableiter auf dem Dach. Der Kraftstofftank zwischen den Drehgestellen wurde verkleinert, um Platz für den Haupttransformator zu schaffen. Durch die umfangreiche Ausstattung erhöhte sich die Radsatzlast bei der Vectron Dual Mode auf 22,5 t. Die von einem MTU 16V 4000 R84-Motor angetriebenen Maschinen bringen im E-Betrieb maximal 2.400 kW Leistung, im Dieselbetrieb sind es 2.000 kW. Die Höchstgeschwindigkeit der maximal 90 t schweren Maschinen liegt bei 160 km/h.

Speziell für Verschubarbeiten und den leichten Güterzugdienst entstand die Version Vectron Dual Mode light. Die Leistung der als Baureihe 249 eingereihten Maschinen wurde ihrem neuen Einsatzzwecke entsprechend gedrosselt. Statt des MTU-Motors versieht nun ein Aggregat des Typs Cummins QST 30-L seinen Dienst. Die Höchstgeschwindigkeit liegt nun bei 120 km/h, die Leistung am Rad liegt im Dieselbetrieb bei 750 kW, im E-Betrieb bei 2210 kW. Die Ratsatzlast verringert sich dadurch auf 21 t. Weiter unterscheidet sich die Baureihe 249 durch die montierte Rangierkupplung Rk 900 sowie Rangiertritte mit Geländern über den Puffern von den etwas schnelleren Schwesterlokomotiven der Baureihe 248. Die DB AG hat im Rahmen eines Vertrags über bis zu 400 Lokomotiven 50 Exemplare der Baureihe 249 fest bestellt. Insgesamt lagen zuletzt Bestellungen für drei Dutzend DM und etwa 150 DM light-Lokomotiven vor. Mehr als ein Dutzend Vectron DM wurden bereits an verschiedene private EVU ausgeliefert.

Baureihenbezeichnung:	248 (DM)	249 (DM light)
Radsatzanordnung:	Bo' Bo'	Bo' Bo'
V_{max} (km/h):	160	120
Motorleistung:	2400 kW (elektrisch) 2000 kW (Dieselmotor)	2210 kW (elektrisch) 750 kW (Dieselmotor)
Leistungsübertragung:	teilabgefederter Antrieb (Ritzelhohlwellenantrieb)	teilabgefederter Antrieb (Ritzelhohlwellenantrieb)
Größte Radsatzfahrmasse (t):	22,5	21
Treibraddurchmesser (mm):	1100	1100
Länge über Puffer (mm):	19975	20500
Indienststellung:	2019	2022

Foto: By BKKR – Own work, CC BY-SA 4.0, https://commons.wiki-media.org/w/index.php?curid=93706301

CRRC – Baureihe 1004

Parallel zum Kauf des Kieler Lokomotivbauers Vossloh will der staatliche chinesische Schienenfahrzeughersteller CRRC auch mit eigenen Entwicklungen auf dem europäischen Markt Fuß fassen. Im Juni 2018 unterzeichneten die DB AG und die CRRC Zhuzhou Electric Locomotive Co., Ltd einen Vertrag über bis zu 20 neue Hybrid-Rangierlokomotiven. Die Lokomotiven, die zunächst den Projektnamen »Kleinstlok HH« verliehen bekamen, sind zunächst als Hilfs- und Arbeitszuglokomotive in den S-Bahnnetzen Berlin und Hamburg vorgesehen. Aber auch ein späterer Einsatz weiterer Maschinen in der Logistikversorgung von Baustellen und in anderen Verwendungsmöglichkeiten ist angedacht.

Die 60 t schweren Lokomotiven verfügen über ein Hybrid-Antriebssystem, das aus einem Dieselmotor oder einem Lithiumtitanat-Akkumulator mit Energie versorgt werden kann. Bei abgeschaltetem Dieselmotor springt ein Batterieantrieb ein. Der Lithiumtitanat-Akkumulator erlaubt den Einsatz der Lokomotive in sensiblen Bereichen wie in Tunneln. Diese Speicher können auch durch die Rückgewinnung der Bremsenergie aufgeladen werden. Die Lokomotive besitzt ein drahtloses Datenübertragungssystem, das den Lokomotivstatus und das Fehlermanagement in Echtzeit in die Zentrale überträgt. Für Ihren Einsatzzweck weisen die Loks eine schmale Fahrzeugbegrenzungslinie auf, um auch in S-Bahn-Tunnels fahren zu können. Die Antriebsenergie kommt wahlweise von einem Dieselmotor, über eine Stromschiene oder aus einer Lithium-Titan-Batterie.

Die Lokomotiven werden in zwei unterschiedlichen Längen als Baureihe 1004 (14.400 mm) und als 1004.5 (16.700 mm) eingereiht. Die rot lackierten Loks der Baureihe 1004 sind für die Hamburger S-Bahn bestimmt, die für Berlin vorgesehenen 1004.5 tragen die gelbe Lackierung der DB Netz Instandhaltung. Die Zulassungen erfolgen am CRRC-Standort in Kiel.

Baureihenbezeichnung:	Baureihe 1004
Radsatzanordnung:	Bo' Bo'
V_{max} (km/h):	100
Motorleistung:	2100 kw (Akku) / 2100 kw (Diesel) 900 kw (Plug-in)
Leistungsübertragung:	elektrisch/dieselelektrisch (?)
Stromübertragung:	Stromschiene
Dienstmasse (t):	60
Größte Radsatzfahrmasse (t):	60/4 ?
Länge über Puffer (mm):	14.400 (1004) 16.700 (1004.5)
Indienststellung:	2022
Stückzahl:	In Produktion

Abb.: Vossloh Locomotives

DM 20

Unter der Regie des chinesischen Staatskonzerns CRRC wendet sich auch Vossloh langsam vom Bau reiner Diesellokomotiven ab. Auf der Innotrans 2018 präsentierte man unter der Bezeichnung DM 20 das Projekt einer völlig neu konzipierten vierachsigen Mehrsystem-Zweikraftlokomotive. Die Maschinen sollen ab 2024 in drei Varianten als Akku-Lok (Antrieb aus Akkumulator oder Oberleitung), in einer Diesel-Version (Antrieb elektrisch und dieselelektrisch aus Dieselmotor und Oberleitung) sowie als Plug-in-Hybrid (elektrisch und dieselelektrisch aus Dieselmotor und Akku) zum Einsatz bereit stehen.

Die je nach Variante durch Motoren aus den Häusern MTU oder Caterpillar angetriebenen vierachsigen Maschinen sollen bei einer Dienstmasse von 84 t eine Geschwindigkeit von 120 km/h erreichen. Die Akkumulatoren der Lokomotiven haben eine Kapazität von 350 kWh. Sie sollen wahlweise über eine Ladestromsteckdose, durch einen eingebauten Dieselmotor oder durch die Oberleitung aufgeladen werden können.

Die DB AG platzierte im Januar 2022 eine Bestellung über bis zu 250 DM 20 in der Plug-in-Hybrid-Variante, Paribus/Northrail und die Rail Innovators Group (RIG) orderten jeweils 50 Loks der Akku-Variante. Für die Diesel-Version lagen vier Jahre nach Programmstart noch keine Bestellungen vor.

Baureihenbezeichnung:	**DM 20**
Radsatzanordnung:	**Bo' Bo'**
V_{max} (km/h):	**120**
Motorleistung:	**2100 kw (Akku) / 2100 kw (Diesel) 900 kw (Plug-in)**
Leistungsübertragung:	**elektrisch/dieselelektrisch**
Dienstmasse (t):	**84**
Größte Radsatzfahrmasse (t):	**21**
Länge über Puffer (mm):	**18000**
Indienststellung:	**2024**

WIE FINDE ICH MEINE LOK?

Im Lauf ihrer langen Lebenszeit musste der Eisenbahnfreund sich immer wieder an neue Baureihen-Bezeichnungen bei Diesellokomotiven gewöhnen. Mal war es die Gründung von DB und DR, später die Einführung der elektronischen Datenverarbeitung (EDV) und zuletzt die Wiedervereinigung Deutschlands, die immer wieder neue Baureihennummern nötig machten. In diesem Register wird versucht, möglichst viele Bezeichnungen der einzelnen Loktypen mit Seitenangaben aufzulisten.

Foto: A. Dollinger

Eurodual 159 221 ist am 15. September 2021 für das EVU Retrack, einem Tochterunternehmen der Firma VTG, mit einem Kesselwagenzug auf dem Weg von Hamburg nach Ingolstadt. Bei Markt Berolzheim kann sie dank der Oberleitung auf den Einsatz ihres Dieselmotors verzichten.

WEITERE INTERESSANTE BÜCHER ZUM THEMA

Loks und Triebwagen der SBB – Schweizerische Bundesbahnen seit 1902

Cyrill Seifert stellt alle Loks und Triebwagen der Schweizerischen Bundesbahnen (SBB) vor. Komprimiert beschreibt er dabei die Geschichte und Entwicklung der einzelnen Fahrzeuge, inklusive ihrer wichtigen technischen Daten und einem anschaulichen Foto.

144 Seiten, 130 Abb., 210 x 280 mm

ISBN 978-3-613-71647-6

€ 19,95 / € (A) 20,60

Loks und Triebwagen der ÖBB – Österreichische Bundesbahnen seit 1947

Roland Beier präsentiert alle Lokomotiven und Triebwagen der Österreichischen Bundesbahnen (ÖBB) mit neuen Fahrzeugen, bewährten Baureihen und erhaltenen Loks. Die wichtigsten technische Daten sowie ein Abkürzungsverzeichnis vervollständigen dieses Buch.

144 Seiten, 130 Abb., 210 x 280 mm

ISBN 978-3-613-71646-9

€ 19,95 / € (A) 20,60

Die Diesellokomotive – Aufbau – Technik – Auslegung

Die Diesellokomotive ist ein kompliziertes Gefährt und selbst der Motor, der vor gut 100 Jahren vorgestellt wurde, ist noch entwicklungsfähig. Dieses Buch gibt auf verständliche Weise einen Überblick über die zentralen Bauteile einer Diesellok und deren Funktion.

312 Seiten, 300 Abb., Format 170 x 240 mm

ISBN 978-3-613-71535-6

€ 39,90 / € (A) 41,10

Baureihe 120 – Revolution der Antriebstechnik

Die Entwicklung der Elektrolok der Baureihe 120 löste eine Revolution in der Antriebstechnik aus: Von nun nutzten neue Elektroloks fast ausschließlich die Drehstrom-Antriebstechnik. Karl-Gerhard Haas berichtet über Entwicklung, Bau und Geschichte der Baureihe.

176 Seiten, 300 Abb., Format 230 x 265 mm

ISBN 978-3-613-71616-2

€ 29,90 / € (A) 30,80

Leseproben zu allen Titeln auf unserer Internetseite

trans press

Überall, wo es Bücher gibt, oder unter
WWW.MOTORBUCH-VERSAND.DE
Service-Hotline: 0711 / 78 99 21 51

www.facebook.com/MotorbuchVerlag

Stand August 2022
Änderungen in Preis und Lieferfähigkeit vorbehalten.